Zahlenzauber 4

Arbeitsheft
für die Grundschule

Ausgabe Bayern

Erarbeitet von
Bettina Betz (Gröbenzell)
Angela Bezold (Würzburg)
Ruth Dolenc-Petz (Augsburg)
Carina Flamm (Sonnenbühl)
Hedwig Gasteiger (München)
Petra Ihn-Huber (Augsburg)
Christine Kullen (Sindelfingen)
Elisabeth Plankl (Dietfurt)
Beatrix Pütz (Gröbenzell)
Carola Schraml (Estenfeld)
Karl-Wilhelm Schweden (Büderich)

Illustriert von
Mathias Hütter
Renate Möller

Oldenbourg Schulbuchverlag, München

Ergebnisse überprüfen

In diesem Heft findest du ein **Lösungsheft**.
So kannst du damit arbeiten:
Fülle alle Aufgaben einer Seite komplett aus.
Wenn du nachgerechnet hast, darfst du mit dem Lösungsheft vergleichen.

Zeichenerklärung

	Partner- oder Gruppenarbeit
	Aufgaben für Mathe-Experten
	Schreibe die Aufgabe in dein Lerntagebuch.
SB S. 4/5	Vergleiche dazu diese Seite im Schulbuch.
Grundwissen-Seiten	Das solltest du wissen.
Bist-du-fit-Seiten	Hier kannst du noch üben.

Farberklärung

Zahlen und Operationen
Zahlen strukturiert darstellen und Zahlbeziehungen formulieren

Zahlen und Operationen
Im Zahlenraum bis 2 000 rechnen und Strukturen nutzen
Im Zahlenraum bis 100 000 rechnen und Strukturen nutzen
Im Zahlenraum bis zur Million rechnen und Strukturen nutzen

Zahlen und Operationen
Sachsituationen und Mathematik in Beziehung setzen

Größen und Messen

Daten und Zufall

Raum und Form

Grundwissen/Bist-du-fit?

Zahlenzauber 4

Arbeitsheft
Ausgabe Bayern
Lösungen

Name

Oldenbourg

1 Wie heißen die Zahlen? Ergänze die Tabelle.

a)

T	H	Z	E		
1	0	0	0		1000
1	2	0	0		1200
1	0	1	0		1010
1	0	3	7		1037
0	5	4	2		542
2	0	0	5		2005
1	1	3	4		1134
1	4	0	7		1407

b)

T	H	Z	E		
1	6	3	5	5E, 6H, 1T, 3Z	1635
1	1	0	6	1H, 1T, 6E	1106
2	3	2	4	2T, 4E, 2Z, 3H	2324
1	0	6	2	6Z, 1T, 2E	1062
2	4	0	0	4H, 2T	2400
1	0	7	6	6E, 7Z, 1T	1076
2	7	0	1	1E, 2T, 7H	2701
3	1	3	0	3Z, 3T, 1H	3130

2 Welche Stellen verändern sich jeweils? Erkläre und rechne.

a)

465 + 2 = 467
465 + 300 = 765
465 + 30 = 495
465 + 332 = 797
465 – 40 = 425
465 – 3 = 462
465 – 200 = 265
465 – 243 = 222

b)

348 + 50 = 398
348 + 600 = 948
348 + 1 = 349
348 + 651 = 999
348 – 30 = 318
348 – 7 = 341
348 – 200 = 148
348 – 237 = 111

Zahlenzauber 4 – Arbeitsheft © 2015 Cornelsen Schulverlage GmbH, Berlin

1 Trage die fehlenden Zahlen ein und ordne die Kärtchen zu.

a) 0, 100, 200, 300, 400, 500, 600, 700, 800, 900, 1000

Kärtchen: 430, 210, 340, 190, 580, 630, 970, 820

b) 1000, 1100, 1200, 1300, 1400, 1500, 1600, 1700, 1800, 1900, 2000

Kärtchen: 1120, 1260, 1480, 1320, 1680, 1550, 1970, 1850

2 Schreibe alle Zahlen auf, die zu den Strichen gehören.

a) 1268, 1269, 1270, 1271, 1272, 1273, 1274, 1275, 1276, 1277, 1278, 1279, 1280, 1281, 1282

Kreise die geraden Zahlen ein.

b) 1008, 1009, 1010, 1011, 1012, 1013, 1014, 1015, 1016, 1017, 1018, 1019, 1020, 1021, 1022

Kreise die ungeraden Zahlen ein.

c) 1988, 1989, 1990, 1991, 1992, 1993, 1994, 1995, 1996, 1997, 1998, 1999, 2000, 2001, 2002

Kreise die Zahlen mit 0 E oder 0 Z oder 0 H ein.

Zahlenzauber 4 – Arbeitsheft © 2015 Cornelsen Schulverlage GmbH, Berlin

1 Nachbarzahlen

	Zahl	
997	998	999
768	769	770

	Zahl	
1419	1420	1421
1205	1206	1207

	Zahl	
999	1000	1001
1999	2000	2001

2 Nachbarzehner: Unterstreiche jeweils den Zehner, der näher liegt.

Nachbarzehner	Zahl	Nachbarzehner
990	998	1000
760	769	770
1200	1201	1210

Nachbarzehner	Zahl	Nachbarzehner
1410	1420	1430
1200	1206	1210
1870	1874	1880

Nachbarzehner	Zahl	Nachbarzehner
990	1000	1010
1990	2000	2010
1890	1900	1910

3 Nachbarhunderter: Unterstreiche jeweils den Hunderter, der näher liegt.

Nachbarhunderter	Zahl	Nachbarhunderter
900	998	1000
700	769	800
1200	1201	1300

Nachbarhunderter	Zahl	Nachbarhunderter
1400	1420	1500
1200	1206	1300
1800	1874	1900

Nachbarhunderter	Zahl	Nachbarhunderter
900	1000	1100
1900	2000	2100
1800	1900	2000

4 Erkennst du das Muster? Setze die Zahlenfolgen fort.

1466, 1468, 1470, 1472, 1474, 1476 (+2)

1906, 1904, 1902, 1900, 1898, 1896 (–2)

1000, 1003, 1006, 1009, 1012, 1015 (+3)

1015, 1010, 1005, 1000, 995, 990 (–5)

Schreibe weitere Zahlenfolgen in dein Heft. Erkläre deine Zahlenfolgen.

5 Zahlenrätsel

Bilde die größte gerade Zahl, die kleiner ist als 2000. 1998

Bilde aus den Ziffern 1, 4, 5, 8 die Zahl, die am nächsten an 1700 liegt. 1584

Die Zahl liegt zwischen 1000 und 2000. An der Einer- und an der Tausenderstelle steht die gleiche Ziffer. Es kommt noch zweimal die 5 vor. 1551

Zahlenzauber 4 – Arbeitsheft © 2015 Cornelsen Schulverlage GmbH, Berlin

1 Die Entwicklung des Fahrrads

a) Trage die fehlenden Zahlen auf der Zeitleiste ein. Verbinde die Bilder mit dem Jahr der Erfindung.

1820, 1840, 1860, 1880, 1900, 1920, 1940, 1960, 1980, 2000

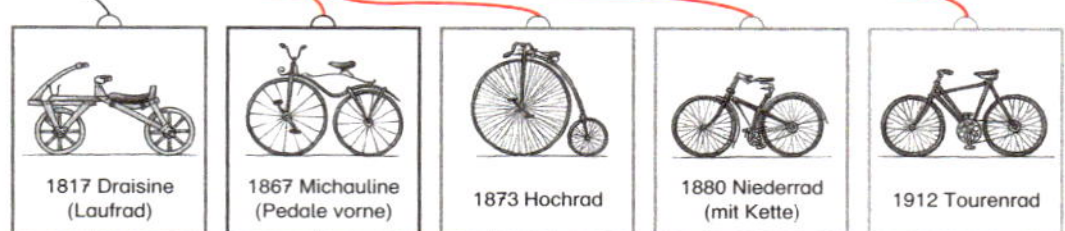

+50 Jahre, + 6 Jahre, + 7 Jahre, + 32 Jahre

b) Wie viel Zeit verging von einer Erfindung bis zur nächsten? Trage oben die Jahre ein.

c) Wie viele Jahre sind bis heute seit jeder Erfindung vergangen? (2015)

Erfindung	Jahr	vergangene Zeit bis heute
Draisine	1817	198 Jahre
Michauline	1867	148 Jahre
Hochrad	1873	142 Jahre
Niederrad	1880	135 Jahre
Tourenrad	1912	103 Jahre

2 Berühmte Bauwerke

a) Wie lange war die Bauzeit dieser Bauwerke?

b) Vor wie vielen Jahren wurden die Bauwerke fertiggestellt?

	Berlin Brandenburger Tor 1788–1791	Ulmer Münster 1377–1890	Turm von Pisa 1173–1360	Kölner Dom 1248–1880
Bauzeit:	3 Jahre	513 Jahre	187 Jahre	632 Jahre
Alter: (2015)	224 Jahre	125 Jahre	655 Jahre	135 Jahre

Zahlenzauber 4 – Arbeitsheft © 2015 Cornelsen Schulverlage GmbH, Berlin

Zahlenzauber 4 – Lösungsheft © 2015 Cornelsen Schulverlage GmbH, Berlin

Addieren bis 1000

SB S. 12/13

Denke an die Platten, Stangen und Würfel.

① Rechne auf deinem Weg. Du kannst die Aufgaben auch im Kopf lösen.

581 + 291 = 872 | 321 + 179 = 500 | 88 + 224 = 312

189 + 732 = 921 | 552 + 98 = 650 | 376 + 596 = 972

358 + 485 = 843 | 534 + 259 = 793 | 734 + 166 = 900

Vergleicht eure Rechenwege.

② Vereinfache die Aufgaben so, dass du leicht rechnen kannst.

224 + 198 = 422
222 + 200 = 422

863 + 195 = 1058
858 + 200 = 1058

399 + 601 = 1000
400 + 600 = 1000

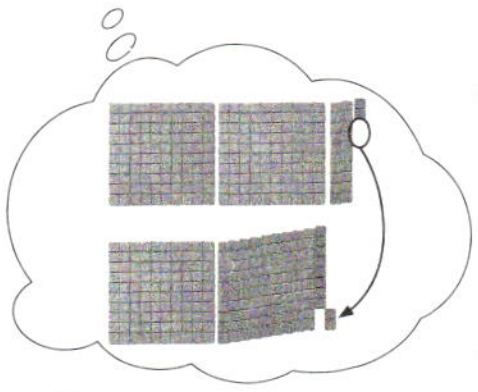

655 + 245 = 900
650 + 250 = 900

514 + 197 = 711
511 + 200 = 711

471 + 297 = 768
468 + 300 = 768

647 + 205 = 852
652 + 200 = 852

399 + 401 = 800
400 + 400 = 800

295 + 328 = 623
300 + 323 = 623

Vergleicht eure Rechenwege.

Zahlenzauber 4 – Arbeitsheft © 2015 Cornelsen Schulverlage GmbH, Berlin

Subtrahieren bis 1000

SB S. 12/13

Denke an die Platten, Stangen und Würfel.

① Rechne auf deinem Weg.

670 – 45 = 625 | 340 – 67 = 273 | 450 – 94 = 356

559 – 480 = 79 | 728 – 490 = 238 | 313 – 160 = 153

② Rechne auf deinem Weg.

Ich löse alle Aufgaben im Kopf.

916 – 595 = 321 | 703 – 664 = 39 | 797 – 668 = 129

692 – 348 = 344 | 914 – 736 = 178 | 836 – 274 = 562

★ ③ 1 024 – 996 = 28 | 1 892 – 398 = 1494 | 2 004 – 1 996 = 8

Vergleicht eure Rechenwege.

Schriftlich addieren und subtrahieren

SB S. 14/15

① Rechne schriftlich.

a) 346 + 469 = 815 | 689 + 513 = 1202

b) 1346 – 589 = 757 | 1010 – 817 = 193 | 1654 – 93 = 1561

② Schreibe untereinander und rechne.

Worauf musst du hier achten?

1 208 + 396 = 1604 | 1 395 + 286 = 1681 | 593 + 1 407 = 2000

1 953 – 636 = 1317 | 1 017 – 459 = 558 | 1 808 – 698 = 1110

③ Rechne Aufgabe und Umkehraufgabe.

a) 912 – 637 = 275 | 275 + 637 = 912 | 846 – 583 = 263 | 263 + 583 = 846 | 1010 – 617 = 393 | 393 + 617 = 1010

b) 908 + 958 = 1866 | 1866 – 958 = 908 | 317 + 486 = 803 | 803 – 486 = 317 | 478 + 1356 = 1834 | 1834 – 1356 = 478

★ ④ Rechne.

a) 474 + 352 = 826 | 316 + 438 = 754 | 450 + 1528 = 1978

b) 1059 – 732 = 327 | 1886 – 127 = 1759 | 1186 – 138 = 1048

Zahlenzauber 4 – Arbeitsheft © 2015 Cornelsen Schulverlage GmbH, Berlin

Schaubilder lesen

SB S. 16/17

① Umfrage: Mein Lieblingsgericht
Die Schüler einer Grundschule wurden zu ihrem Lieblingsessen befragt.
Hier ist das Ergebnis:

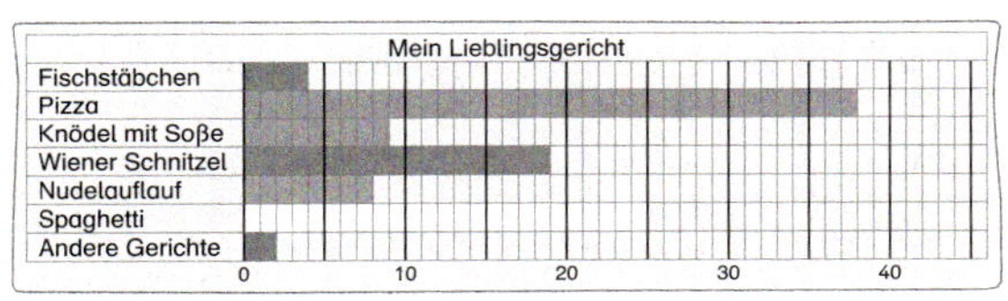

a) Lies das Schaubild genau, rechne und ergänze.
Wie viele Kinder wurden insgesamt befragt?

4 + 38 + 9 + 19 + 8 + 25 + 2 = 105

105 Kinder nahmen an der Umfrage teil.

Nenne das Lieblingsgericht der meisten Kinder: Pizza

Wie heißen die drei beliebtesten Gerichte?
Pizza, Spaghetti, Wiener Schnitzel

b) Welche Aussagen stimmen? Kreuze an: ☒

☒ Wiener Schnitzel wurde seltener als Lieblingsgericht genannt als Pizza.
☐ Nudelauflauf wurde häufig genannt.
☒ Weniger Kinder nannten Fischstäbchen als Knödel mit Soße.
☒ Mehr als die Hälfte aller Kinder haben als Lieblingsgericht Pizza oder Spaghetti angegeben.

② Umfrage: Lieblingsnachspeise
72 Kinder wurden nach ihrer Lieblingsnachspeise befragt.
Erstelle ein Schaubild.

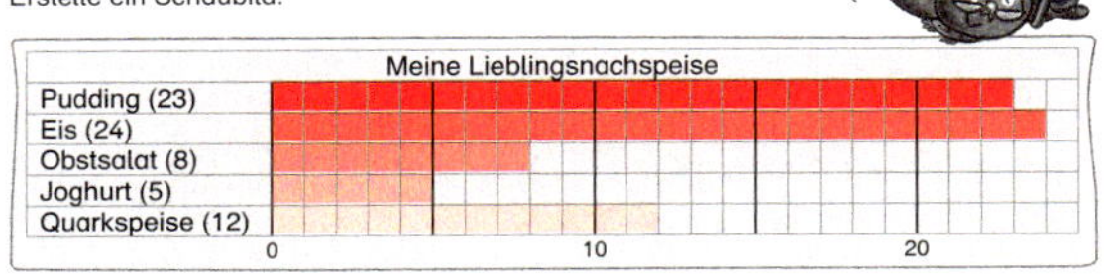

③ Führt eine Umfrage zu Lieblingsnachspeisen, Lieblingseissorten, … in eurer Klasse durch.

Zahlenzauber 4 – Arbeitsheft © 2015 Cornelsen Schulverlage GmbH, Berlin

Zahlenzauber 4 – Lösungsheft © 2015 Cornelsen Schulverlage GmbH, Berlin

① Miriam und Jan haben insgesamt 35 € gespart. Sie möchten für ihr Aquarium noch dieses Zubehör kaufen.

a) Wie viel kostet das Zubehör insgesamt?

A: Das Zubehör kostet 28,60 €.

```
    7,95 €
    3,95 €
    1,95 €
    2,95 €
 + 11,80 €
   ¹ ⁴ ²
   28,60 €

   28,60 €
 +  7,60 €
    ¹ ¹
   36,20 €
```

b) Reicht ihr Geld auch noch für eine Wasserpflanze zu 7,60 €?

A: Das Geld reicht nicht.
Es fehlen 1,20 €.

② a) Schreibe eine Rechengeschichte. Schaffst du es, dass alle Angaben vorkommen?

Beispiel: Anna hat insgesamt 50 € gespart.
Sie kauft 2 Goldfische und 2 Dosen
Fischfutter.
Wie viel Geld hat sie am Ende noch?

b) Rechne.

```
    8,95 €
    8,95 €
    3,99 €
 +  3,99 €
   2 3 2
   25,88 €

   50,00 €
 - 25,88 €
   24,12 €
```

③ Stefan kauft sich ein gebrauchtes Aquarium für 65 €. Die Heizung und der Innenfilter kosten zusammen 96 €. Dazu sucht er sich noch 2 Guppys aus. Reicht sein Geld?

a) Welche dieser Informationen brauchst du noch, um diese Aufgabe zu lösen? Färbe sie.

Ein Guppy kostet 9 €. | Ein Zwergfadenfisch kostet 10 €. | Stefan hat 200 €.

A: Stefans Geld reicht.

b) Löse die Aufgabe.

```
    65 €
    96 €
 +  18 €
    1
   179 €

   200 €
 - 179 €
    21 €
```

Zahlenzauber 4 – Arbeitsheft © 2015 Cornelsen Schulverlage GmbH, Berlin

① Multiplizieren und dividieren mit 10 und 100

12 · 10 = 120	10 · 16 = 160	1300 : 10 = 130	150 : 10 = 15
12 · 100 = 1200	100 · 16 = 1600	1300 : 100 = 13	1500 : 10 = 150
120 · 10 = 1200	10 · 160 = 1600	130 : 10 = 13	1500 : 100 = 15

Aufgaben mit mal 10 und mal 100: Schreibe in dein 📖.

② Multiplizieren mit Vielfachen von 10 und 100

a) 4 · 7 = 28 | 3 · 8 = 24 | 9 · 3 = 27 | 8 · 9 = 72
4 · 70 = 280 | 3 · 80 = 240 | 9 · 30 = 270 | 8 · 90 = 720

b) 8 · 3 = 24 | 7 · 6 = 42 | 3 · 7 = 21 | 6 · 4 = 24
80 · 3 = 240 | 70 · 6 = 420 | 30 · 7 = 210 | 60 · 4 = 240

c) 4 · 3 = 12 | 3 · 5 = 15 | 6 · 3 = 18 | 2 · 9 = 18
4 · 300 = 1200 | 3 · 500 = 1500 | 600 · 3 = 1800 | 200 · 9 = 1800

③ Dividiere.

320 : 80 = 4	420 : 70 = 6	480 : 60 = 8	200 : 50 = 4
4 · 80 = 320	6 · 70 = 420	8 · 60 = 480	4 · 50 = 200
320 : 8 = 40	420 : 7 = 60	480 : 6 = 80	200 : 5 = 40
40 · 8 = 320	60 · 7 = 420	80 · 6 = 480	40 · 5 = 200

④ 5 Zahlen – 8 Aufgaben

6 80 60 480 8

6 · 80 = 480 | 8 · 60 = 480
80 · 6 = 480 | 60 · 8 = 480
480 : 80 = 6 | 480 : 8 = 60
480 : 6 = 80 | 480 : 60 = 8

Zahlenzauber 4 – Arbeitsheft © 2015 Cornelsen Schulverlage GmbH, Berlin

① Mia hat drei Hosen, vier T-Shirts und zwei Kappen.

Wie viele verschiedene Kombinationen kann sie anziehen? Löse die Aufgabe mit einem Baumdiagramm.

z. B.

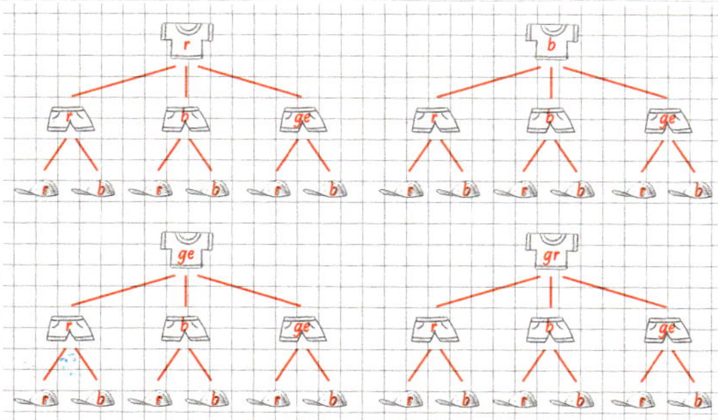

A: Es gibt 24 verschiedene Möglichkeiten.

② Am Kiosk gibt es diese Lollis:

Wie viele Möglichkeiten gibt es, ein Tütchen mit zwei verschiedenfarbigen Lollis zusammenzustellen? Löse die Aufgabe mit einer Tabelle.

z. B.

	l	b	o	g	r
l		X	X	X	X
b			X	X	X
o				X	X
g					X
r					

A: Es gibt 10 verschiedene Möglichkeiten.

Zahlenzauber 4 – Arbeitsheft © 2015 Cornelsen Schulverlage GmbH, Berlin

❶ Trage die Zahlen in die Stellenwerttafel ein.

T	H	Z	E		T	H	Z	E		T	H	Z	E		T	H	Z	E
	2	3	1		1	0	4	6			4	0	8		1	0	8	0

❷ Lege im Kopf. Addiere.

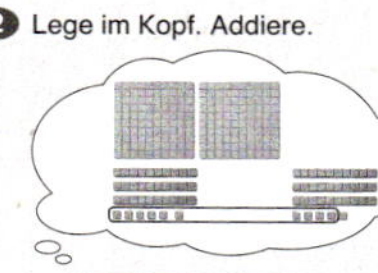

236 + 35 = 271

a) 429 + 33 = 462
684 + 16 = 700
537 + 26 = 563
128 + 45 = 173

b) 296 + 15 = 311
348 + 28 = 376
755 + 17 = 772
863 + 39 = 902

❸ Lege im Kopf. Subtrahiere.

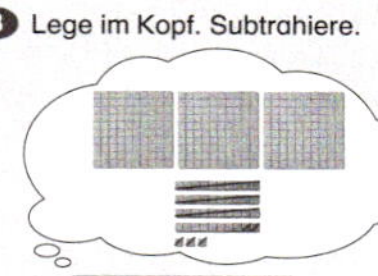

343 – 35 = 308

a) 647 – 28 = 619
594 – 37 = 557
381 – 43 = 338
176 – 29 = 147

b) 256 – 47 = 209
462 – 33 = 429
704 – 15 = 689
833 – 26 = 807

❹ Wie verändern sich die Zahlen jeweils? Überlege und rechne.

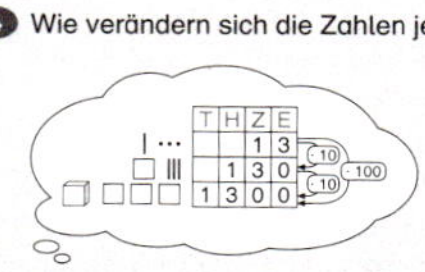

a) 27 · 10 = 270
27 · 100 = 2700
270 · 10 = 2700

b) 44 · 10 = 440
440 · 10 = 4400
44 · 100 = 4400

❺ Rechne Aufgabe und Umkehraufgabe.

a) 630 : 10 = 63
63 · 10 = 630
6300 : 100 = 63
63 · 100 = 6300

b) 540 : 10 = 54
54 · 10 = 540
5400 : 100 = 54
54 · 100 = 5400

c) 2700 : 100 = 27
27 · 100 = 2700
2700 : 10 = 270
270 · 10 = 2700

Zahlenzauber 4 – Arbeitsheft © 2015 Cornelsen Schulverlage GmbH, Berlin

Bist du fit? ①

SB S. 24/25

1 Schreibe die passenden Zahlen auf.

T	H	Z	E
1	4	3	1
2	0	7	0
	6	0	3
1	7	4	2

2 Rechne.

a)
260 + 59 = 319
680 + 72 = 752
970 + 44 = 1014
850 + 81 = 931

b)
639 + 68 = 707
483 + 56 = 539
725 + 76 = 801
347 + 82 = 429

c)
556 + 48 = 604
964 + 69 = 1033
436 + 82 = 518
672 + 53 = 725

3 Rechne.

a)
427 – 46 = 381
639 – 54 = 585
916 – 32 = 884
571 – 87 = 484

b)
284 – 92 = 192
327 – 68 = 259
852 – 74 = 778
649 – 85 = 564

c)
529 – 238 = 291
967 – 593 = 374
433 – 156 = 277
651 – 487 = 164

4 Rechne Aufgabe und Umkehraufgabe.

a)
12 · 100 = 1200
1200 : 100 = 12

63 · 10 = 630
630 : 10 = 63

b)
450 : 10 = 45
45 · 10 = 450

72 · 10 = 720
720 : 10 = 72

c)
2000 : 100 = 20
20 · 100 = 2000

18 · 100 = 1800
1800 : 100 = 18

5 Rechne auf deinem Weg.

40 · 3 = 120
200 · 6 = 1200
240 : 80 = 3

Vergleicht eure Rechenwege.

Zahlenzauber 4 – Arbeitsheft © 2015 Cornelsen Schulverlage GmbH, Berlin

Halbschriftlich multiplizieren

SB S. 26/27

① Rechne halbschriftlich auf deinem Weg. Vergleicht eure Rechenwege.

a)
6 · 48 = 288
z.B. 6 · 40 = 240
z.B. 6 · 8 = 48

5 · 73 = 365
z.B. 5 · 3 = 15
z.B. 5 · 70 = 350

34 · 8 = 272

b)
3 · 267 = 801
z.B. 3 · 200 = 600
z.B. 3 · 60 = 180
z.B. 3 · 7 = 21

4 · 195 = 780
4 · 5 = 20
4 · 90 = 360
4 · 100 = 400

318 · 3 = 954

② Rechentrick 1: Verdoppeln oder halbieren

a)
2 · 64 = 128
4 · 64 = 256

2 · 87 = 174
4 · 87 = 348

2 · 195 = 390
4 · 195 = 780

b)
10 · 28 = 280
5 · 28 = 140

10 · 36 = 360
5 · 36 = 180

10 · 75 = 750
5 · 75 = 375

③ Rechentrick 2: Nahe an der Zehnerzahl

6 · 49 = 294
6 · 50 = 300

4 · 69 = 276
4 · 70 = 280

39 · 8 = 312
40 · 8 = 320

④ Kreise die Aufgaben, die du im Kopf rechnest, ein. Rechne sie. Löse die restlichen Aufgaben halbschriftlich. Du kannst auch auf deinem Block rechnen.

z.B. 67 · 6 = 402
28 · 4 = 112 (eingekreist)
342 · 2 = 684 (eingekreist)
5 · 32 = 160 (eingekreist)

z.B. 67 · 6 = 402
60 · 6 = 360
7 · 6 = 42

Halbschriftlich dividieren ①

SB S. 28/29

① Zerlege und rechne.

12 Z kann ich durch 6 teilen.

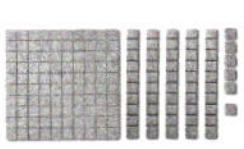

156 : 6

60, 120, 180, …

a)
156 : 6 = 26
120 : 6 = 20
36 : 6 = 6

444 : 6 = 74
420 : 6 = 70
24 : 6 = 4

588 : 6 = 98
540 : 6 = 90
48 : 6 = 8

210 : 6 = 35
180 : 6 = 30
30 : 6 = 5

b)
245 : 5 = 49
200 : 5 = 40
45 : 5 = 9

255 : 5 = 51
250 : 5 = 50
5 : 5 = 1

185 : 5 = 37
150 : 5 = 30
35 : 5 = 7

495 : 5 = 99
450 : 5 = 90
45 : 5 = 9

② Rechne auf deinem Weg.

368 : 8 = 46
z.B. 368 : 8 = 46
320 : 8 = 40
48 : 8 = 6

235 : 5 = 47
z.B. 235 : 5 = 47
200 : 5 = 40
35 : 5 = 7

654 : 6 = 109
z.B. 654 : 6 = 109
600 : 6 = 100
54 : 6 = 9

Vergleicht eure Rechenwege.

③ Rechne immer zuerst die einfachste Aufgabe im Kopf. Wie löst du die anderen Aufgaben? Vergleicht eure Rechenwege.

360 : 6 = 60
354 : 6 = 59
348 : 6 = 58

427 : 7 = 61
434 : 7 = 62
420 : 7 = 60

624 : 8 = 78
640 : 8 = 80
656 : 8 = 82

900 : 9 = 100
954 : 9 = 106
972 : 9 = 108

Zahlenzauber 4 – Arbeitsheft © 2015 Cornelsen Schulverlage GmbH, Berlin

Halbschriftlich dividieren ②

SB S. 28/29

① Dividiere halbschriftlich und überprüfe deine Ergebnisse mit der Umkehraufgabe.

448 : 7 = 64
420 : 7 = 60
28 : 7 = 4

64 · 7 = 448
60 · 7 = 420
4 · 7 = 28

468 : 9 = 52
450 : 9 = 50
18 : 9 = 2

52 · 9 = 468
50 · 9 = 450
2 · 9 = 18

365 : 5 = 73
350 : 5 = 70
15 : 5 = 3

73 · 5 = 365
70 · 5 = 350
3 · 5 = 15

664 : 8 = 83
640 : 8 = 80
24 : 8 = 3

83 · 8 = 664
80 · 8 = 640
3 · 8 = 24

② Dividiere. Manchmal bleibt ein Rest.

z.B.
753 : 7 = 107 R4
700 : 7 = 100
53 : 7 = 7 R4

538 : 8 = 67 R2
480 : 8 = 60
58 : 8 = 7 R2

375 : 5 = 75
350 : 5 = 70
25 : 5 = 5

418 : 6 = 69 R4
360 : 6 = 60
58 : 6 = 9 R4

z.B.
957 : 4 = 239 R1
800 : 4 = 200
120 : 4 = 30
37 : 4 = 9 R1

526 : 3 = 175 R1
300 : 3 = 100
210 : 3 = 70
15 : 3 = 5

1 099 : 9 = 122 R1
900 : 9 = 100
180 : 9 = 20
18 : 9 = 2

928 : 7 = 132 R4
700 : 7 = 100
210 : 7 = 30
14 : 7 = 2

③ Dividieren durch Zehnerzahlen

567 : 90 = 6 R27
540 : 90 = 6
Rest 27

342 : 50 = 6 R42
300 : 50 = 6
Rest 42

468 : 70 = 6 R48
420 : 70 = 6
Rest 48

279 : 40 = 6 R39
240 : 40 = 6
Rest 39

538 : 60 = 8 R58
480 : 60 = 8
Rest 58

621 : 80 = 7 R61
560 : 80 = 7
Rest 61

Zahlenzauber 4 – Lösungsheft © 2015 Cornelsen Schulverlage GmbH, Berlin

6 Schritte zur Lösung

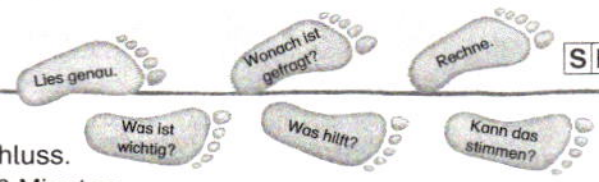

① Leila hat um 13.15 Uhr Schulschluss.
Für den Heimweg braucht sie 20 Minuten,
für das Mittagessen eine halbe Stunde.
Ein Spaziergang mit Bello dauert 45 Minuten.
Für den Weg zum Kino plant sie 15 Minuten ein.

Wie viel Zeit bleibt Leila für die Hausaufgaben,
wenn die Vorstellung um 16 Uhr beginnt?

20 min, 30 min, 45 min, 55 min, 15 min
13.15 Uhr – 13.35 Uhr – 14.05 Uhr – 14.50 Uhr – 15.45 Uhr – 16.00 Uhr

A: Sie hat 55 min für die Hausaufgaben Zeit.

② Die Kinder wollen einen Rollschuhparcours aufbauen.
Vom Starthütchen bis zum Zielhütchen sind es 36 m.
Die Hütchen sollen im Abstand von 4 m stehen.

Wie viele werden benötigt?

x x x x x x x x x x
4 m
36 m

A: Es werden 10 Hütchen benötigt.

③ Simons großer Bruder möchte ein Tablet für 250 € kaufen.
Seine Eltern zahlen die Hälfte. Er hat 80 € gespart. Von
seinem Taschengeld spart Simons Bruder jeden Monat 5 €.

Wann kann er sich das Tablet kaufen?

125 € + 125 € = 250 €
125 € − 80 € = 45 €
45 € : 5 € = 9

A: Simons Bruder kann sich in 9 Monaten das Tablet kaufen.

Zahlenzauber 4 – Arbeitsheft © 2015 Cornelsen Schulverlage GmbH, Berlin

Knifflige Aufgaben ①

① Thomas hat 320 Sammelkarten.
Es sind dreimal so viele Fußballkarten wie Autokarten.

Wie viele Fußballkarten hat er?

Tipp: Das 3-fache und das 1-fache zusammen sind 4 Teile.

320 : 4 = 80
80 · 3 = 240

A: Thomas hat 240 Fußballkarten.

② Auf dem See schwimmen Enten und Schwäne.
Zusammen sind es 85 Tiere.
Es sind 31 Schwäne weniger als Enten.

Wie viele Schwäne und Enten sind es?

Ich probiere es mit einer Tabelle.

85 − 31 = 54
54 : 2 = 27
85 − 27 = 58

Enten	Schwäne	Unterschied
50	35	15
55	30	25
		u. s. w.

A: Es gibt 58 Enten und 27 Schwäne.

③ Xaver und seine Schwester haben zusammen 124 € gespart. Xaver hat 26 € mehr.

Wie viel Geld hat jeder?

Xaver:	Seine Schwester:	Unterschied:
72	52	20
75	49	26

124 − 26 = 98   98 : 2 = 49

A: Xaver hat 75 €, seine Schwester hat 49 €.

Zahlenzauber 4 – Arbeitsheft © 2015 Cornelsen Schulverlage GmbH, Berlin

Knifflige Aufgaben ②

① Sophie geht um 14.00 Uhr von Dorfen
in das 3 km 750 m entfernte Hausheim.
In einer Minute schafft sie 80 m.
Zur gleichen Zeit geht Anna von Hausheim
in Richtung Dorfen. Sie schafft in
einer Minute 70 m.

Wann treffen sie sich? Zeichne und rechne.

3 km 750 m
80 m, 1 min, S — 70 m, 1 min, A

	Sophie	Anna	zusammen
1 min	80 m	70 m	150 m
5 min	400 m	350 m	750 m
10 min	800 m	700 m	1 500 m
25 min	2 000 m	1 750 m	3 750 m

A: Sie treffen sich um 14.25 Uhr.

② Igor radelt um 10.00 Uhr von Talheim ins 45 km entfernte Bergdorf.
Er fährt 18 km in der Stunde. Paul startet um dieselbe Zeit von
Bergdorf nach Talheim, er fährt 12 km in der Stunde.

Wann treffen sie sich? Zeichne und rechne.

45 km
18 km, 1 h, T — 12 km, 1 h, B

	Igor	Paul	zusammen
1 h	18 km	12 km	30 km
30 min	9 km	6 km	15 km
1 h 30 min	27 km	18 km	45 km

A: Sie treffen sich um 11.30 Uhr.

☆ ③ Ein Autobahntunnel soll 4 200 m lang werden. 1 800 m sind bereits
fertiggestellt. Die Baufirma arbeitet von beiden Seiten gleichzeitig.
Täglich werden auf der einen Seite 32 m, auf der anderen Seite 28 m
fertiggestellt. Nach wie vielen Arbeitstagen ist der Tunnel fertig?

Rest: 4 200 m − 1 800 m =
2 400 m
Tage: 2 400 m : 60 m = 40

	eine Seite	andere Seite	zusammen
1 Tag	32 m	28 m	60 m
10 Tage	320 m	280 m	600 m
40 Tage	1 280 m	1 120 m	2 400 m

A: Nach 40 Tagen ist der Tunnel fertig.

Zahlenzauber 4 – Arbeitsheft © 2015 Cornelsen Schulverlage GmbH, Berlin

Vom Einer zum Hunderttausender

① Was gehört zusammen? Verbinde und ergänze.

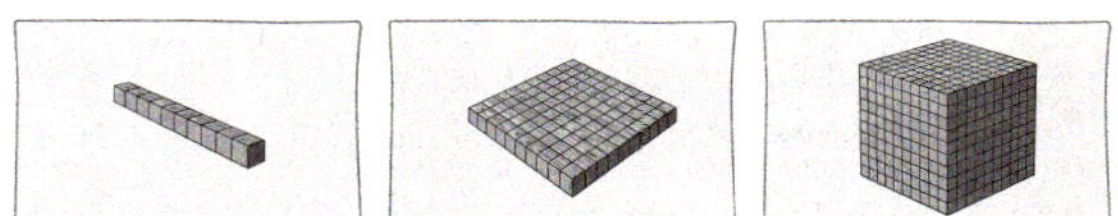

1 Zehnerstange:
10 Einerwürfel

1 Hunderterplatte:
10 Zehnerstangen

1 Tausenderwürfel:
10 Hunderterplatten

10000   10   100000   1000   100

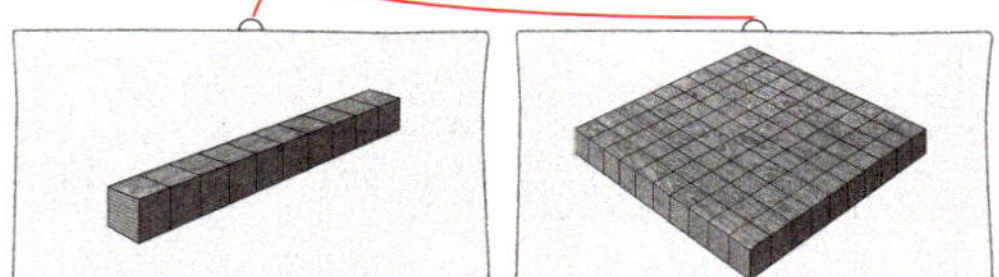

1 Zehntausenderstange:
10 Tausenderwürfel

1 Hunderttausenderplatte:
10 Zehntausenderstangen

② Welche Zahlen wurden gelegt? Schreibe sie auf.

8 | 5 0 0 0
80 000 + 5 000 = 85 000

6 | 7 0 0 0
60 000 + 7 000 = 67 000

4 | 3 0 0 0
40 000 + 3 000 = 43 000

2 | 6 0 0 0
20 000 + 6 000 = 26 000

5 | 2 0 0 0
50 000 + 2 000 = 52 000

9 | 9 0 0 0
90 000 + 9 000 = 99 000

Zahlenzauber 4 – Arbeitsheft © 2015 Cornelsen Schulverlage GmbH, Berlin

Zahlenzauber 4 – Lösungsheft © 2015 Cornelsen Schulverlage GmbH, Berlin

1 Zerlege.
- 8355 = 8 000 + 300 + 50 + 5
- 1783 = 1000 + 700 + 80 + 3
- 4820 = 4 000 + 800 + 20
- 92583 = 90 000 + 2 000 + 500 + 80 + 3
- 68901 = 60 000 + 8 000 + 900 + 1
- 52700 = 50 000 + 2 000 + 700

2 Wie heißt die Zahl?
- 5000 + 2 + 80000 + 400 = 85 402
- 900 + 10 + 7000 + 60000 = 67 910
- 5 + 90 + 600 + 4000 = 4 695
- 30000 + 2000 + 500 + 40 + 1 = 32 541

3 Schreibe Zahlen auf, die du mit diesen Karten legen kannst.

Karten: 8 0 0 0 | 6 0 0 0 0 | 2 | 5 0 0 | 3 0

2, 30, 32, 500, 502, 530, 532, 8 000, 8 002, 8 030, 8 032,
8 500, 8 502, 8 530, 8 532, 60 000, 60 002, 60 030, 60 032,
60 500, 60 502, 60 530, 60 532, 68 000, 68 002, 68 030,
68 032, 68 500, 68 502, 68 530, 68 532

4 Eine Zahl – drei Schreibweisen: Ergänze.

	ZT	T	H	Z	E	
4652		4	6	5	2	4T 6H 5Z 2E
5322		5	3	2	2	5T 3H 2Z 2E
30718	3	0	7	1	8	3ZT 7H 1Z 8E
43625	4	3	6	2	5	4ZT 3T 6H 2Z 5E
2980		2	9	8	0	9H 8Z 2T
66107	6	6	1	0	7	7E 6T 1H 6ZT
73006	7	3	0	0	6	dreiundsiebzigtausendsechs
85000	8	5	0	0	0	fünfundachtzigtausend
40007	4	0	0	0	7	vierzigtausendsieben

Zahlenzauber 4 – Arbeitsheft © 2015 Cornelsen Schulverlage GmbH, Berlin

1 Ergänze die fehlenden Zahlen und ordne die Kärtchen richtig zu.

a) Kärtchen: 1600, 400, 3400, 2700, 6800, 5400, 7400
Zahlenstrahl: 0, 1000, 2000, 3000, 4000, 5000, 6000, 7000

b) Kärtchen: 7000, 22000, 17000, 38000, 51000, 63000, 59000
Zahlenstrahl: 0, 10000, 20000, 30000, 40000, 50000, 60000, 70000

2 a) Zwischen welchen Zehntausendern liegen diese Zahlen?
Male den Zehntausender an, der näher liegt.

10 000	17325	20 000	50 000	52154	60 000
60 000	65287	70 000	30 000	35000	40 000
40 000	41836	50 000	80 000	83469	90 000

b) Zwischen welchen Tausendern liegen diese Zahlen?
Male den Tausender an, der näher liegt.

3 000	3745	4 000	89 000	89594	90 000
1000	1205	2 000	54 000	54407	55 000
7 000	7364	8 000	36 000	36272	37 000

c) Nachbarzahlen

8 712	8713	8 714	92 724	92725	92 726
5 688	5689	5 690	68 399	68400	68 401
9 998	9999	10 000	14 999	15000	15 001

Schreibe Nachbarzahlen in dein Heft.

Zahlenzauber 4 – Arbeitsheft © 2015 Cornelsen Schulverlage GmbH, Berlin

1 Zähle in Schritten weiter.

a) 45 000, 50 000, 55 000, 60 000, 65 000, 70 000, 75 000
9 700, 9 800, 9 900, 10 000, 10 100, 10 200, 10 300
67 870, 67 900, 67 930, 67 960, 67 990, 68 020, 68 050

b) 78 000, 76 000, 74 000, 72 000, 70 000, 68 000, 66 000
83 000, 80 000, 77 000, 74 000, 71 000, 68 000, 65 000
45 625, 45 620, 45 615, 45 610, 45 605, 45 600, 45 595

★ c) 33 645, 33 650, 33 660, 33 675, 33 695, 33 720, 33 750 (+5, +10, +15)
54 367, 54 370, 54 340, 54 343, 54 313, 54 316, 54 286 (+3, −30, +3)

2 Vergleiche mit <, >, =.

9613 < 9617	84 666 < 86 466	36 704 > 36 407
4808 > 4088	9248 > 2984	77 598 > 17 598
7252 = 7252	61 782 < 61 783	49 262 = 49 262
2671 < 6271	99 999 > 19 999	18 236 < 18 237

3 Zahlenrätsel

a) Meine Zahl ist fünfstellig und größer als 90 000. Sie hat lauter gleiche Ziffern. Wie heißt die Zahl?
99 999

b) Meine Zahl liegt zwischen 48 000 und 49 000. Sie hat als Ziffern 4 Vierer. Wie heißt sie?
48 444

c) Meine Zahl ist die kleinste sechsstellige ungerade Zahl. Schreibe sie auf.
100 001

d) Meine Zahl liegt genau in der Mitte zwischen 25 000 und 30 000. Wie heißt sie?
27 500

e) Meine Zahl ist um 30 000 kleiner als die größte fünfstellige Zahl. Wie heißt sie?
69 999

Zahlenzauber 4 – Arbeitsheft © 2015 Cornelsen Schulverlage GmbH, Berlin

1 Rechne. Achte auf die Stellenwerte.

HT	ZT	T	H	Z	E		
	3	4	1	2	3	+ 40 =	34 163
	3	4	1	2	3	+ 400 =	34 523
	3	4	1	2	3	+ 40 000 =	74 123
	3	4	1	2	3	+ 4 =	34 127
	3	4	1	2	3	+ 4000 =	38 123

HT	ZT	T	H	Z	E		
	4	5	8	6	7	− 3000 =	42 867
	4	5	8	6	7	− 300 =	45 567
	4	5	8	6	7	− 30 000 =	15 867
	4	5	8	6	7	− 3 =	45 864
	4	5	8	6	7	− 30 =	45 837

2 Von leichten zu schweren Aufgaben

a)
- 35 000 + 40 000 = 75 000
- 35 000 + 42 000 = 77 000
- 35 700 + 42 000 = 77 700
- 35 700 + 42 100 = 77 800
- 35 760 + 42 100 = 77 860
- 35 760 + 42 130 = 77 890

b)
- 85 000 − 20 000 = 65 000
- 85 000 − 22 000 = 63 000
- 85 300 − 22 000 = 63 300
- 85 300 − 22 100 = 63 200
- 85 360 − 22 100 = 63 260
- 85 360 − 22 140 = 63 220

3 Ergänze.

1 000	
300	700
20	980
410	690
760	240

10 000	
3000	7000
200	9 800
4100	5 900
7600	2 400

100 000	
60 000	40 000
62 000	38 000
26 000	74 000
5 000	95 000

4 Verbinde Aufgabe und Ergebnis.

a)
- 36 000 + 15 000 — 51 000
- 38 000 + 16 000 — 54 000
- 34 000 + 18 000 — 52 000

(Ergebniskärtchen: 54 000, 52 000, 51 000)

b)
- 62 000 − 34 000 — 28 000
- 65 000 − 36 000 — 29 000
- 64 000 − 37 000 — 27 000

(Ergebniskärtchen: 27 000, 28 000, 29 000)

c)
- 78 930 + 200 — 79 130
- 78 820 + 290 — 79 110
- 78 998 + 22 — 79 020

(Ergebniskärtchen: 79 110, 79 020, 79 130)

d)
- 46 130 − 200 — 45 930
- 46 270 − 350 — 45 920
- 46 008 − 93 — 45 915

(Ergebniskärtchen: 45 920, 45 930, 45 915)

Zahlenzauber 4 – Arbeitsheft © 2015 Cornelsen Schulverlage GmbH, Berlin

Kopfrechnen bis 100 000: multiplizieren und dividieren
SB S. 42/43

① Rechne.

61 · 10 = 610	28 000 : 10 = 2 800	84 000 : 1 000 = 84
61 · 100 = 6 100	28 000 : 100 = 280	100 · 84 = 8 400
61 · 1 000 = 61 000	28 000 : 1 000 = 28	84 000 : 100 = 840
610 · 100 = 61 000	2 800 : 100 = 28	10 · 8 400 = 84 000

② Merkaufgaben

Diese Merkaufgaben musst du lernen.

100	1000	10 000	100 000
2 · 50	2 · 500	2 · 5 000	2 · 50 000
4 · 25	4 · 250	4 · 2 500	4 · 25 000
5 · 20	5 · 200	5 · 2 000	5 · 20 000
10 · 10	10 · 100	10 · 1 000	10 · 10 000

Schreibe die Merkaufgaben in dein Heft.

③ Aufgabenfamilien

a) 8 · 4	b) 3 · 7	c) 9 · 6
8 · 40 = 320	3 · 70 = 210	9 · 60 = 540
80 · 40 = 3 200	30 · 7 = 210	90 · 6 = 540
8 · 400 = 3 200	3 · 700 = 2 100	900 · 6 = 5 400
80 · 400 = 32 000	300 · 7 = 2 100	9 · 600 = 5 400
800 · 40 = 32 000	300 · 70 = 21 000	900 · 60 = 54 000

④ Beim Teilen hilft die Umkehraufgabe. Rechne.

a)	b)	c)
8 100 : 9 = 900	54 000 : 600 = 90	7 200 : 80 = 90
900 · 9 = 8 100	90 · 600 = 54 000	90 · 80 = 7 200
56 000 : 70 = 800	3 500 : 5 = 700	280 000 : 4 000 = 70
800 · 70 = 56 000	700 · 5 = 3 500	70 · 4 000 = 280 000

Zahlenzauber 4 – Arbeitsheft © 2015 Cornelsen Schulverlage GmbH, Berlin

Was ist im Säckchen?
SB S. 44/45

① Welches Säckchen könnte zu welchem Versuchsergebnis passen? Verbinde.

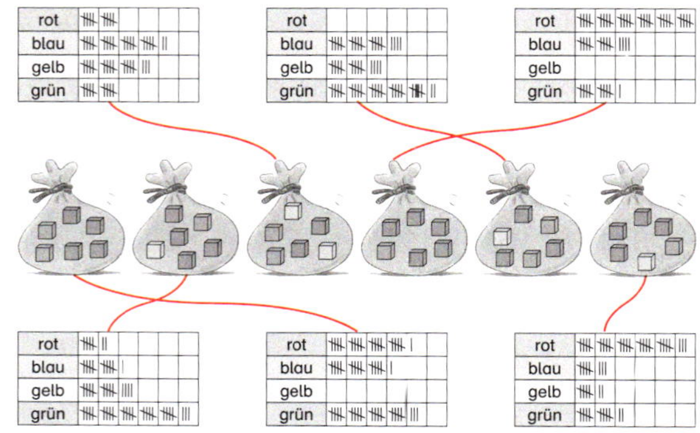

② In einem Säckchen sind 5 Würfel. Elias hat 60-mal gezogen. Welche Aussagen könnten stimmen? Kreuze an ⓧ.

a)

rot	卌 卌
blau	卌 卌 卌 卌 |
gelb	卌 卌 卌 卌 卌 ||||
grün	

- ⓧ Es ist eher wahrscheinlich, dass kein grüner Würfel im Säckchen ist.
- ◯ Es sind bestimmt mehr rote als blaue Würfel.
- ⓧ Es könnten gleich viele blaue und gelbe Würfel sein.
- ◯ Ein unmögliches Ergebnis ist ■□□■■.

b)

rot	||||
blau	卌 卌 卌 |
gelb	卌 卌 |||
grün	卌 卌 卌 卌 卌 ||

- ◯ Es sind sicher gleich viele blaue, gelbe und grüne Würfel im Säckchen.
- ⓧ Es ist möglich, dass genau ein roter Würfel im Säckchen ist.
- ⓧ Es sind sicher alle vier Farben drin.
- ⓧ Das Ergebnis ■■■■□ ist eher unwahrscheinlich.

Zahlenzauber 4 – Arbeitsheft © 2015 Cornelsen Schulverlage GmbH, Berlin

Grundwissen ②
SB S. 46/47

❶ Rechne. Die kleine Aufgabe hilft.

a)

7 · 30 = 210	8 · 60 = 480	40 · 4 = 160	60 · 7 = 420	90 · 3 = 270
7 · 3 = 21	8 · 6 = 48	4 · 4 = 16	6 · 7 = 42	9 · 3 = 27

b)

640 : 80 = 8	450 : 90 = 5	360 : 6 = 60	720 : 9 = 80	280 : 40 = 7
64 : 8 = 8	45 : 9 = 5	36 : 6 = 6	72 : 9 = 8	28 : 4 = 7

❷ Rechne auf deinem Weg.

84 · 6

z. B. 84 · 6 = 504
80 · 6 = 480
4 · 6 = 24

598 : 6

z. B. 598 : 6 = 99 R 4
540 : 6 = 90
54 : 6 = 9

Vergleicht eure Rechenwege.

❸ Eine Zahl – drei Schreibweisen

	HT	ZT	T	H	Z	E	
34 502		3	4	5	0	2	3ZT 4T 5H 2E
71 024		7	1	0	2	4	7ZT 1T 2Z 4E
102 076	1	0	2	0	7	6	1HT 2T 7Z 6E
67 730		6	7	7	3	0	6ZT 7T 7H 3Z
1 110			1	1	1	0	1H 1T 1Z
40 050		4	0	0	5	0	4ZT 5Z

❹ Ergänze. Vergleiche jeweils die beiden Häuser. Was fällt dir auf? Tausche dich mit deinem Partner aus.

a)

1 000	
400	600
70	930
80	920
280	720

10 000	
4 000	6 000
700	9 300
800	9 200
2 800	7 200

b)

1 000	
510	490
990	10
680	320
222	778

100 000	
51 000	49 000
99 000	1 000
68 000	32 000
22 200	77 800

Zahlenzauber 4 – Arbeitsheft © 2015 Cornelsen Schulverlage GmbH, Berlin

Bist du fit? ②
SB S. 46/47

❶ Rechne auf deinem Weg.

a)

43 · 7 = 301
z. B. 40 · 7 = 280
3 · 7 = 21

5 · 96 = 480
5 · 90 = 450
5 · 6 = 30

283 · 6 = 1698
200 · 6 = 1200
80 · 6 = 480
3 · 6 = 18

b)

246 : 6 = 41
z. B. 240 : 6 = 40
6 : 6 = 1

441 : 7 = 63
420 : 7 = 60
21 : 7 = 3

641 : 9 = 71 R2
630 : 9 = 70
9 : 9 = 1

❷ Trage die Zahlen in die Stellenwerttafel ein.

	HT	ZT	T	H	Z	E
sechsunddreißigtausendzwei		3	6	0	0	2
dreiundfünfzigtausendfünfhundertzwölf		5	3	5	1	2
neunundneunzigtausendsiebenundsiebzig		9	9	0	7	7
sechzigtausendachthundertsechsundvierzig		6	0	8	4	6
einhunderttausenddreihundertsechs	1	0	0	3	0	6

❸ Rechne mit vollen Tausendern.

a)	b)
73 000 + 12 000 = 85 000	44 000 – 17 000 = 27 000
27 000 + 44 000 = 71 000	98 000 – 59 000 = 39 000
15 000 + 68 000 = 83 000	73 000 – 28 000 = 45 000
58 000 + 26 000 = 84 000	61 000 – 36 000 = 25 000

❹

a)	b)
7 800 + 360 = 8 160	6 300 – 520 = 5 780
3 994 + 8 = 4 002	7 006 – 7 = 6 999
24 940 + 200 = 25 140	23 280 – 400 = 22 880
59 996 + 9 = 60 005	60 037 – 50 = 59 987

Zahlenzauber 4 – Arbeitsheft © 2015 Cornelsen Schulverlage GmbH, Berlin

Geo-Burgen

SB S. 48/49

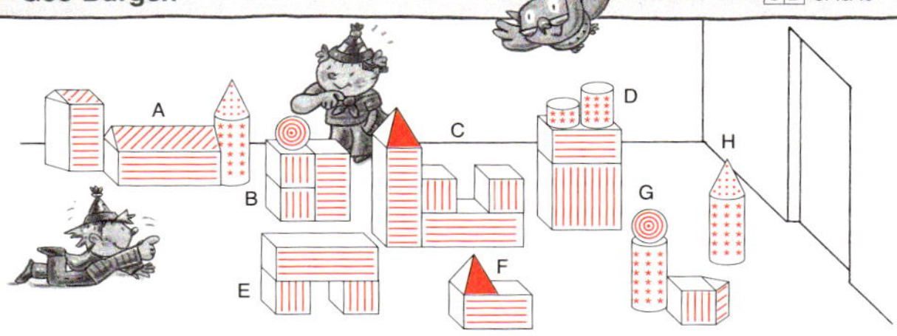

① Zähle die Körper.

8 Würfel 8 (16) Quader 2 Kegel
5 Zylinder 2 Kugeln 2 Pyramiden 3 Prismen

Der Würfel ist ein besonderer Quader.

Färbe die Würfel blau, die Quader gelb, die Kegel rot, die Zylinder braun, die Kugeln grün, die Pyramiden schwarz und die Prismen lila.

② Wer sieht welches Gebäude so? Trage den richtigen Buchstaben und den Namen ein.

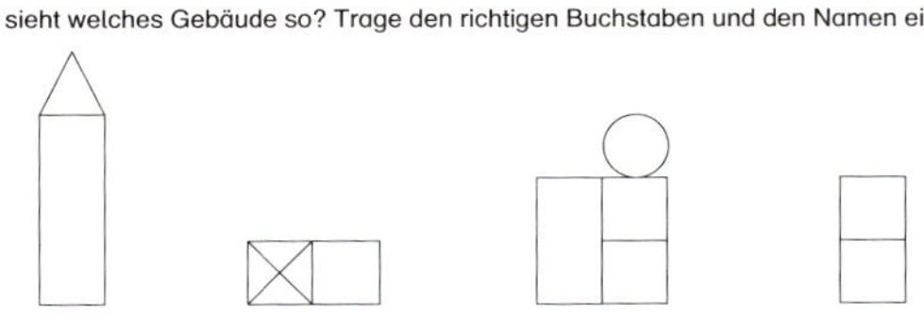

C Simsala F Eulalia B Bim E Simsala

C Bim E Eulalia B Simsala

③ Gebäude von unten: Trage den richtigen Buchstaben ein.

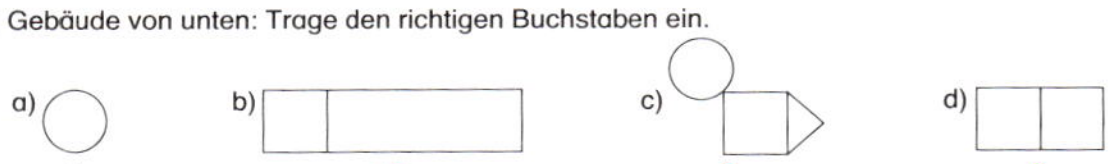

a) H b) C c) G d) B

Zahlenzauber 4 – Arbeitsheft © 2015 Cornelsen Schulverlage GmbH, Berlin

Der Quader

SB S. 50/51

① Aus diesen Flächen kannst du zwei verschiedene Quader bauen. Färbe die Flächen mit zwei unterschiedlichen Farben.

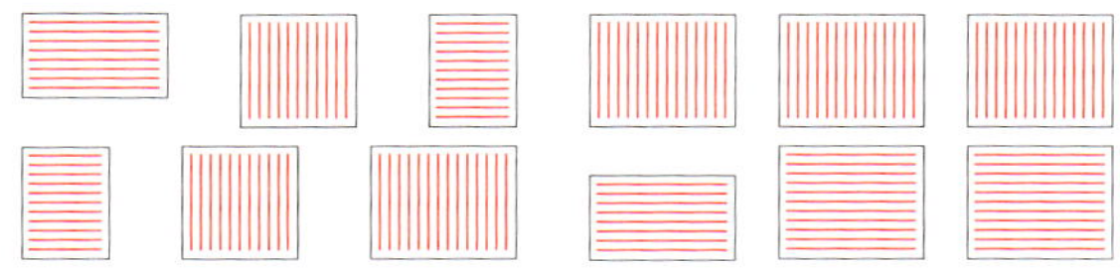

② Fülle die Tabelle aus.

	Anzahl der Kanten	Anzahl der Ecken	Anzahl der Flächen	Flächenformen (Quadrat, Rechteck)
Würfel	12	8	6	Quadrat/Rechteck
Quader	12	8	6	Rechteck

Was fällt dir auf? Tausche dich mit deinem Partner aus.

③ Immer 2 Teile ergeben einen Quader. Male sie mit der gleichen Farbe aus.

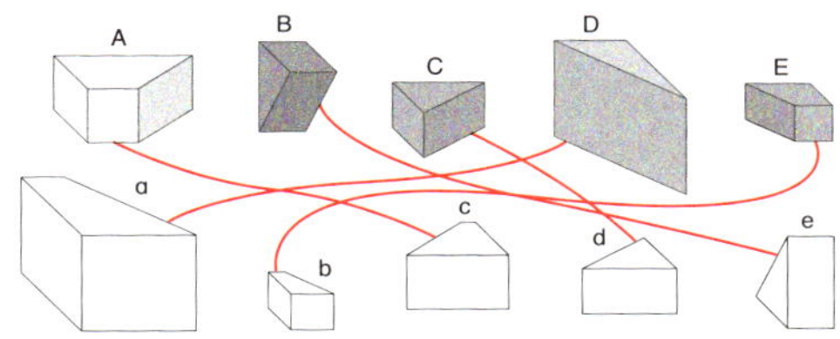

④ Wie viel Geschenkband brauchst du, um das Paket zu schmücken? Für die Knoten und die Schleife benötigst du 80 cm Band.

2 · 60 = 120
2 · 30 = 60
4 · 20 = 80

  120
   60
   80
+ 280
  340

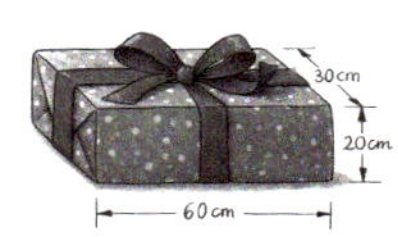

A: Ich brauche 3,40 m Band.

Zahlenzauber 4 – Arbeitsheft © 2015 Cornelsen Schulverlage GmbH, Berlin

Würfelnetze – Quadernetze

SB S. 52/53

① Färbe bei den Quadernetzen die Flächen gleich, die sich beim gefalteten Quader gegenüberliegen.

Der Würfel ist ein besonderer Quader.

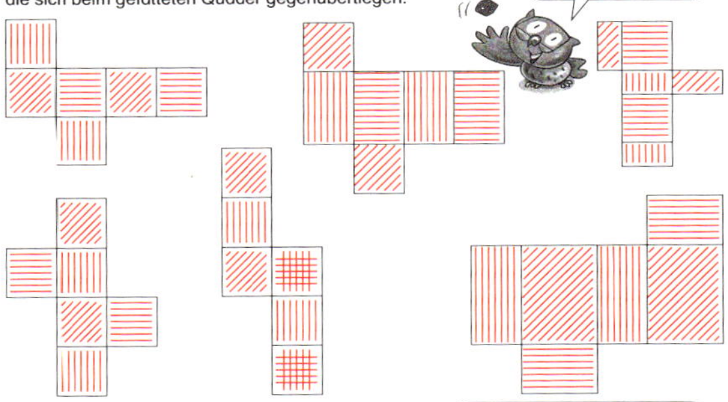

② Ergänze zu vollständigen Quadernetzen.

Du kannst die Quadernetze auch auf Karopapier nachzeichnen, ausschneiden und dann durch Falten überprüfen.

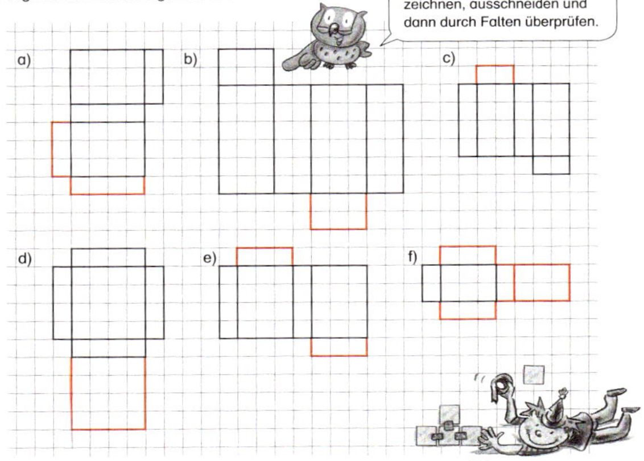

Zeichne weitere Quadernetze auf Karopapier, schneide sie aus und klebe sie in dein 📖.

Zahlenzauber 4 – Arbeitsheft © 2015 Cornelsen Schulverlage GmbH, Berlin

In Schritten zur Million

SB S. 54/55

① Trage die Zahlen – nach der Größe geordnet – in die Stellenwerttafel ein.

249 869 5 900 479 ★ 1 838 520
127 3 590 802 797 ★ 1 427 281 ★ 2 709 241

M	HT	ZT	T	H	Z	E	
				1	2	7	127
				4	7	9	479
			3	5	9	0	3 590
			5	9	0	0	5 900
	2	4	9	8	6	9	249 869
	8	0	2	7	9	7	802 797
1	4	2	7	2	8	1	1 427 281
1	8	3	8	5	2	0	1 838 520
2	7	0	9	2	4	1	2 709 241

Schaffst du auch die ★-Aufgaben?

② a) Kreise die Stellen ein, die zusammengehören. Verbinde mit dem passenden Zahlwort.

624502 6422 642520 66502 26250

sechshundertzweiundvierzigtausendfünfhundertzwanzig
sechsundzwanzigtausendzweihundertfünfzig
sechstausendvierhundertzweiundzwanzig
sechsundsechzigtausendfünfhundertzwei
sechshundertvierundzwanzigtausendfünfhundertzwei

b) Schreibe die Zahlen von a) auf. Achte auf die Leselücke.

624 502 642 520 26 250
6 422 66 502

Zahlenzauber 4 – Arbeitsheft © 2015 Cornelsen Schulverlage GmbH, Berlin

Zahlenzauber 4 – Lösungsheft © 2015 Cornelsen Schulverlage GmbH, Berlin

① Kreise immer die Stellen ein, die du beim Lesen zusammenfasst. Lies die Zahlen dann vor. Schreibe sie mit Leselücken auf.

a) 34617, 461789, 1176663 b) 903122, 3400351, 30012

a) 34 617 / 461 789 / 1 176 663
b) 903 122 / 3 400 351 / 30 012

② Verbinde jede Sprechblase mit der passenden Zahlenkarte.

Sprechblasen: viertausend, achthunderttausend, drei Millionen, neuntausend, siebentausend, sechzigtausend, vier Millionen, zwanzigtausend, sechs Millionen, neunhunderttausend, vierhunderttausend, siebzigtausend

Zahlenkarten: 800000, 7000, 9000, 3000000, 4000, 6000000, 60000, 4000000, 400000, 70000, 20000, 900000

③ Zahlwort-Würmer: Welcher Wurm frisst welchen Apfel? Verbinde.
Tipp: Unterteile die Zahlwörter so, dass du sie gut lesen kannst.

vierunddreißigtausend|zweihundertfünfunddreißig
achthundertdreißigtausend|neunhundertvierundvierzig
siebentausend|fünfhundertsechzig
siebzigtausend
eintausend|sechshundertdreiundvierzig
vierhundertdreiundzwanzigtausend|zwölf
★ drei Millionen|vierhunderttausend

Äpfel: 7560, 34235, 3400000, 70000, 830944, 1643, 423012

① Ergänze die fehlenden Zahlen und ordne die Kärtchen richtig zu.

Kärtchen: 90000, 130000, 350000, 420000, 290000, 580000, 690000
Zahlenstrahl: 0, 100000, 200000, 300000, 400000, 500000, 600000, 700000

Kärtchen: 877000, 851000, 874000, 891000, 922000, 901000
Zahlenstrahl: 850000, 860000, 870000, 880000, 890000, 900000, 910000, 920000

② a) Zwischen welchen Hunderttausendern liegen die Zahlen? Male den Hunderttausender an, der näher liegt.

400000	467831	500000	0	63064	100000
500000	506340	600000	700000	745989	800000
700000	770651	800000	300000	342567	400000

b) Zwischen welchen Zehntausendern liegen die Zahlen? Male den Zehntausender an, der näher liegt.

460000	467831	470000	60000	63064	70000
500000	506340	510000	740000	745989	750000
770000	770651	780000	340000	342567	350000

c) Nachbarzahlen

599999	600000	600001	39999	40000	40001
199999	200000	200001	69999	70000	70001
899999	900000	900001	19999	20000	20001

Schreibe Zahlen und ihre Nachbarzahlen in dein 📖.

① Zähle in Schritten weiter.

a) 150000, 200000, 250000, 300000, 350000, 400000, 450000
670000, 677000, 684000, 691000, 698000, 705000, 712000
199995, 199997, 199999, 200001, 200003, 200005, 200007

b) 80000, 79500, 79000, 78500, 78000, 77500, 77000
540900, 540500, 540100, 539700, 539300, 538900, 538500
265612, 265609, 265606, 265603, 265600, 265597, 265594

★ c) 492390, 492391, 492393, 492396, 492400, 492405, 492411 (+1, +2, +3)
506110, 506105, 506095, 506090, 506080, 506075, 506065 (−5, −10, −5)
97683, 97693, 97690, 97700, 97697, 98707, 97704 (+10, −3, +10)

② Vergleiche mit <, >, =.

506340 < 560340	65340 < 560430	506034 = 506034
234567 < 243567	642576 > 534257	889888 > 888988
673957 > 391004	78462 < 673856	672890 = 672890

③ Zahlenrätsel

a) Meine Zahl liegt genau in der Mitte zwischen 200000 und 230000. Welche Zahl ist es?
215000

b) Meine Zahl hat dreimal die Ziffer 7 und dreimal die 5. Sie ist die größte Zahl, die man mit diesen Ziffern bilden kann. Wie heißt die Zahl?
777555

c) Bilde die kleinste Zahl aus den Ziffern 0, 1, 2, 3, 4, 5, die zwischen 500000 und 600000 liegt.
501234

d) Meine Zahl ist sechsstellig. Sie ist kleiner als 500000, aber größer als 400000. Sie hat lauter gleiche Ziffern. Wie heißt meine Zahl?
444444

Schreibe Zahlenrätsel in dein 📖.

① Rechne. Achte auf die Stellenwerte.

a)

HT	ZT	T	H	Z	E		
4	2	1	3	4	4	+ 50000 =	471344
4	2	1	3	4	4	+ 50 =	421394
4	2	1	3	4	4	+ 500000 =	921344
4	2	1	3	4	4	+ 5000 =	426344

b)

HT	ZT	T	H	Z	E		
7	6	8	9	5	7	− 40000 =	728957
7	6	8	9	5	7	− 4 =	768953
7	6	8	9	5	7	− 400 =	768557
7	6	8	9	5	7	− 400000 =	368957

② Von leichten zu schweren Aufgaben

a) 240000 + 520000 = 760000
245000 + 520000 = 765000
245000 + 524000 = 769000
245300 + 524000 = 769300
245300 + 524600 = 769900

b) 870000 − 350000 = 520000
874000 − 350000 = 524000
874000 − 353000 = 521000
874400 − 353000 = 521400
874400 − 353200 = 521200

③ Ergänze.

100000	
60000	40000
28000	72000
81000	19000

1000000	
600000	400000
280000	720000
810000	190000

1000000	
700000	300000
550000	450000
210000	790000

④ Schriftlich oder im Kopf?

554399 + 396012 = 950411
250000 + 270000 = 520000
276501 + 384807 = 661308
587000 + 20000 = 607000

438793 − 286925 = 151868
710000 − 460000 = 250000
980600 − 10500 = 970100
736290 − 399017 = 337273

Rechne hier oder auf deinem Block.

Zahlenzauber 4 – Lösungsheft © 2015 Cornelsen Schulverlage GmbH, Berlin

Kopfrechnen bis 1 000 000: multiplizieren und dividieren

SB S. 62/63

(1) Netze knüpfen: Notiere Aufgaben.

(Beispiel)

Zentrum: 9, 8, 72

- 72 : 9 = 8 — 7200 : 90 = 80; 7200 : 9 = 800
- 72 : 8 = 9 — 720 : 80 = 9; 720 : 8 = 90
- 9 · 8 = 72 — 90 · 80 = 7200; 900 · 80 = 72 000
- 8 · 9 = 72 — 80 · 9 = 720; 800 · 90 = 72 000

Zentrum: 56, 7, 8

- 56 : 7 = 8 — 560 : 70 = 8; 5600 : 70 = 80
- 56 : 8 = 7 — 56 000 : 80 = 700; 56 000 : 800 = 70
- 7 · 8 = 56 — 70 · 80 = 5600; 700 · 8 = 5600
- 8 · 7 = 56 — 800 · 70 = 56 000; 80 · 7 = 560

(2) Denke an die kleine Aufgabe. Rechne.

800 · 400 = 320 000	70 · 600 = 42 000	3000 · 90 = 270 000
80 · 40 = 3200	7 · 60 000 = 420 000	30 · 9000 = 270 000

(3) Finde zu den folgenden Ergebnissen passende Multiplikationsaufgaben.

z. B. 600 · 400 = 240 000	40 · 90 = 3600	900 · 80 = 72 000
z. B. 60 · 4000 = 240 000	900 · 4 = 3600	80 · 900 = 72 000
z. B. 300 · 800 = 240 000	60 · 60 = 3600	8000 · 9 = 72 000

(4) Im Kopf oder halbschriftlich? Rechne.

220 000 · 4 = 880 000

97 720 : 70 = 1396

540 060 : 60 = 9001

z. B.
97 720 : 70 = 1396
70 000 : 70 = 1000
21 000 : 70 = 300
6 300 : 70 = 90
420 : 70 = 6

Zahlenzauber 4 – Arbeitsheft © 2015 Cornelsen Schulverlage GmbH, Berlin

Milliliter und Liter

SB S. 64/65

(1) Ergänze die Tabelle.

In jeder Zeile genau 1 Liter!

	500 ml	100 ml	750 ml	200 ml	250 ml
1 l	1	1	0	2	0
1 l	0	0	1	0	1
1 l	0	3	0	1	2
1 l	1	3	0	1	0
1 l	0	4	0	3	0
1 l	0	5	0	0	2

(2) Ergänze auf 1 Liter.

1 l	
500 ml	500 ml
250 ml	750 ml
225 ml	775 ml
850 ml	150 ml

1 l	
800 ml	200 ml
650 ml	350 ml
125 ml	875 ml
950 ml	50 ml

1 l	
25 ml	975 ml
970 ml	30 ml
175 ml	825 ml
955 ml	45 ml

(3) Ergänzt auf 1 Liter. Es gibt mehrere Lösungen. Überprüft durch Messen. z. B.

(4) a) Familie Mader besitzt einen Wassersprudelautomaten und 4 Flaschen. Jede Flasche fasst genau 1 Liter. Für wie viele Trinkgläser (je 250 ml) reicht das Wasser, wenn alle 4 Flaschen gefüllt sind?

1 Flasche: 4 Gläser
4 Flaschen: 4 · 4 = 16

A: Das Wasser reicht für 16 Trinkgläser.

b) Julian behauptet: „In einer Woche trinken wir 100 Liter." Kann das stimmen? Diskutiert.

Flüssigkeiten schätzen und messen

SB S. 66/67

(1) Zeichne ein: 1 l, $\frac{1}{2}$ l, $\frac{1}{4}$ l, $\frac{1}{8}$ l. Rechne in Milliliter um.

1 l = 1000 ml $\frac{1}{2}$ l = 500 ml $\frac{1}{4}$ l = 250 ml $\frac{1}{8}$ l = 125 ml

(2) Wie viel fehlt zum Liter? Ergänze. Überprüfe durch Nachrechnen.

$\frac{1}{2}$ l + $\frac{1}{2}$ l = 1 l $\frac{1}{4}$ l + $\frac{1}{4}$ l + $\frac{1}{2}$ l = 1 l $\frac{1}{4}$ l + $\frac{1}{4}$ l + $\frac{1}{4}$ l + $\frac{1}{4}$ l = 1 l $\frac{1}{2}$ l + $\frac{1}{4}$ l + $\frac{1}{4}$ l = 1 l

(3) Verbinde die Bilder mit den Angaben. Ergänze die fehlenden Angaben.

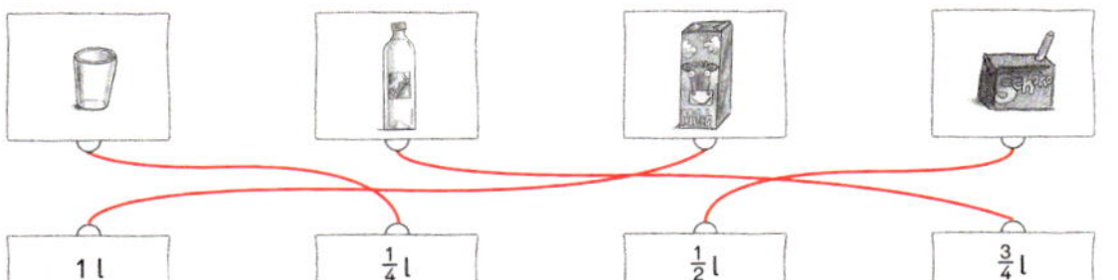

1 l	$\frac{1}{4}$ l	$\frac{1}{2}$ l	$\frac{3}{4}$ l
1000 ml	250 ml	500 ml	750 ml

(4) Vergleiche mit <, >, =. Aufgabe (3) kann dir helfen.

a) $\frac{1}{4}$ l < 300 ml; 750 ml = 75 l; $\frac{1}{4}$ l = 250 ml

b) 1 500 ml = 1$\frac{1}{2}$ l; $\frac{1}{2}$ l > 150 ml; $\frac{1}{4}$ l > 200 ml

c) 250 ml < $\frac{1}{2}$ l; $\frac{1}{4}$ l > 225 ml; 750 ml = $\frac{3}{4}$ l

(5) Stell dir vor, du müsstest eine Badewanne (200 l) mithilfe von $\frac{1}{4}$-l-Trinkgläsern füllen. Das Befüllen jedes Glases dauert 15 s. Wie viel Zeit brauchst du insgesamt?

1 l 4 Trinkgläser 1 min = 4 · 15 s
200 l · 4 = 800 l
800 : 4 = 200

A: Du brauchst 200 Minuten = 3 h 20 min.

Zahlenzauber 4 – Arbeitsheft © 2015 Cornelsen Schulverlage GmbH, Berlin

Wasser ist kostbar

SB S. 68/69

(1) Eine Person verbraucht im Durchschnitt pro Tag 116 l Wasser.

Wie hoch ist der Wasserverbrauch einer 5-köpfigen Familie an einem Tag (in einer Woche)?

1 Tag: 5 · 116 l = 580 l
1 Woche: 7 · 580 l = 4060 l

A: An einem Tag beträgt der Wasserverbrauch 580 l.
In einer Woche brauchen sie 4060 l.

(2) Ein Toiletten-Spülgang verbraucht 7 l Wasser, für einmal Händewaschen rechnet man 2 l Wasser.

Wie viel Wasser verbraucht eine 5-köpfige Familie täglich (wöchentlich) auf der Toilette, wenn jede Person diese 5-mal pro Tag benutzt?

7 l + 2 l = 9 l
9 l · 5 · 5 = 225 l (1 Tag)
225 l · 7 = 1575 l (1 Woche)

A: Täglich verbraucht die Familie 225 l.
Wöchentlich verbraucht sie 1575 l.

(3) Julian und seine Eltern baden einmal pro Woche. Die Erwachsenen benötigen dafür jeweils 150 l Wasser, für Julian reichen 100 l. An den anderen Tagen duschen sie. Dabei verbraucht Julian 60 l Wasser, seine Eltern je 90 l pro Tag.

Wie viel Wasser verbraucht die Familie für Baden und Duschen pro Woche?

Baden: 2 · 150 l = 300 l
1 · 100 l = 100 l

300 l + 100 l = 400 l

Duschen: 2 · 90 l · 6 = 1080 l
60 l · 6 = 360 l

1080 l + 360 l = 1440 l

400 l + 1440 l = 1840 l

A: Die Familie verbraucht pro Woche 1840 l.

Zahlenzauber 4 – Lösungsheft © 2015 Cornelsen Schulverlage GmbH, Berlin

Grundwissen ③
SB S. 70/71

1 Eine Zahl – drei Schreibweisen

		M	HT	ZT	T	H	Z	E	
	381034		3	8	1	0	3	4	3HT 8ZT 1T 3Z 4E
	304621		3	0	4	6	2	1	3HT 4T 6H 2Z 1E
	843401		8	4	3	4	0	1	8HT 4ZT 3T 4H 1E
	508830		5	0	8	8	3	0	5HT 8T 8H 3Z
★	1403026	1	4	0	3	0	2	6	1M 4HT 3T 2Z 6E
★	1230438	1	2	3	0	4	3	8	1M 2HT 3ZT 4H 3Z 8E

2 Ergänze.

100000	
61000	39000
11000	89000
47000	53000
8000	92000
38000	62000

1000000	
610000	390000
110000	890000
470000	530000
80000	920000
380000	620000

3 Rechne mit vollen Zehntausendern.

a)
170000 + 490000 = 660000
350000 + 580000 = 930000
660000 + 340000 = 1000000
580000 + 290000 = 870000

b)
640000 – 180000 = 460000
810000 – 590000 = 220000
760000 – 270000 = 490000
920000 – 750000 = 170000

4 Rechne. Die kleine Aufgabe hilft.

a)
6000 · 20 = 120000 | 50000 · 7 = 350000 | 9000 · 40 = 360000
6 · 2 = 12 | 5 · 7 = 35 | 9 · 4 = 36
600 · 20 = 12000 | 5000 · 70 = 35000 | 90 · 40 = 3600

b)
4800 : 6 = 800 | 360000 : 9 = 40000 | 54000 : 6 = 9000
48 : 6 = 8 | 36 : 9 = 4 | 54 : 6 = 9
48000 : 6 = 8000 | 3600 : 9 = 400 | 540000 : 6 = 90000

Zahlenzauber 4 – Arbeitsheft © 2015 Cornelsen Schulverlage GmbH, Berlin

Bist du fit? ③
SB S. 70/71

1 Trage die Zahlen in die Stellenwerttafel ein.

		M	HT	ZT	T	H	Z	E
	dreihundertachtzehntausendsechs		3	1	8	0	0	6
	vierundsiebzigtausendzweihundertelf			7	4	2	1	1
	neunhundertfünfzigtausenddreihundert		9	5	0	3	0	0
★	eine Million achtundsiebzigtausend	1	0	7	8	0	0	0
★	eine Million eintausendeins	1	0	0	1	0	0	1

2 Ergänze.

1000000	
230000	770000
560000	440000
70000	930000

1000000	
80000	920000
620000	380000
940000	60000

1000000	
590000	410000
870000	130000
655000	345000

3 Rechne.

a)
26700 + 340 = 27040
64399 + 7 = 64406
386400 + 5000 = 391400
799996 + 8 = 800004

b)
67800 – 940 = 66860
31004 – 5 = 30999
875700 – 6000 = 869700
400002 – 300 = 399700

4 Multipliziere und dividiere im Kopf. Finde weitere Aufgaben.

40000 · 3 = 120000 | 560000 : 70 = 8000
400 · 300 = 120000 | 5600 : 700 = 8
4 · 30 = 120 | 56 : 7 = 8
z.B. 40 · 30 = 1200 | z.B. 560000 : 7 = 80000
z.B. 400 · 30 = 12000 | z.B. 560000 : 700 = 800
z.B. 4000 · 30 = 120000 | z.B. 560 : 70 = 8
z.B. 4000 · 3 = 12000 | z.B. 560 : 7 = 80

Schreibe solche Aufgaben in dein 📖.

Zahlenzauber 4 – Arbeitsheft © 2015 Cornelsen Schulverlage GmbH, Berlin

Schriftlich multiplizieren
SB S. 72/73

1 Rechne schriftlich.

527 · 8 = 4216 | 673 · 4 = 2692 | 589 · 2 = 1178 | 761 · 7 = 5327 | 4926 · 5 = 24630

2 Überschlage und ordne die Aufgaben ein. Begründe. Rechne dann nach.

a) 573 · 6 b) 724 · 4 c) 394 · 8 d) 693 · 3 e) 476 · 9 f) 617 · 7

Ergebnis kleiner als 3000	Ergebnis zwischen 3000 und 4000	Ergebnis größer als 4000
724 · 4	573 · 6	476 · 9
693 · 3	394 · 8	617 · 7

a) 573 · 6 = 3438 b) 724 · 4 = 2896 c) 394 · 8 = 3152
d) 693 · 3 = 2079 e) 476 · 9 = 4284 f) 617 · 7 = 4319

3 Vorsicht, Nullen! Überschlage und rechne.

Ü: 400 · 8 = 3200 | Ü: 400 · 6 = 2400 | Ü: 3000 · 9 = 27000
403 · 8 = 3224 | 365 · 6 = 2190 | 2610 · 9 = 23490

4 Zwei Ergebnisse sind falsch. Streiche die falschen Ergebnisse durch und rechne richtig.

a) 9405 · 3 = 28215 b) 6040 · 5 = ~~30000~~ c) 5076 · 6 = 30456 d) 8004 · 9 = ~~7236~~

6040 · 5 = 30200 | 8004 · 9 = 72036

Zahlenzauber 4 – Arbeitsheft © 2015 Cornelsen Schulverlage GmbH, Berlin

Der Null auf der Spur
SB S. 74

1 Rechne schriftlich.

117 · 50 = 5850 | 486 · 200 = 97200 | 1584 · 400 = 633600 | 3003 · 30 = 90090
103 · 90 = 9270 | 807 · 600 = 484200 | 2172 · 300 = 651600 | 5718 · 70 = 400260

2 Achte auf die Nullen! Rechne.

a) 806 · 400 = 322400 | 767 · 200 = 153400 | 707 · 600 = 424200
b) 509 · 700 = 356300 | 362 · 500 = 181000 | 403 · 900 = 362700

Die Ergebnisse in jeder Reihe ergeben zusammen 900000.

Ergebniskontrolle:

322400 + 153400 + 424200 = 900000 (Übertrag: 1 1 1)
356300 + 181000 + 362700 = 900000 (Übertrag: 2 1 1)

3 Überschlage zuerst. Rechne dann.

Ü: 4000 · 50 = 200000 | Ü: 7000 · 600 = 4200000 | Ü: 10000 · 70 = 700000
3904 · 50 = 195200 | 7050 · 600 = 4230000 | 12105 · 70 = 847350

4 Ergänze fehlende Ziffern.

[6]543 · 7 = 45[8][0]1 | [5]847 · 6 = 35[0][8]2 | [3]71[4] · 3 = 11[1]42 | [9]812 · 9 = 883[0]8

Zahlenzauber 4 – Arbeitsheft © 2015 Cornelsen Schulverlage GmbH, Berlin

Zahlenzauber 4 – Lösungsheft © 2015 Cornelsen Schulverlage GmbH, Berlin

Schriftlich multiplizieren mit großen Zahlen

SB S. 76/77

① Rechne schriftlich.

- 33 · 17: 330 + 231 = 561
- 69 · 24: 1380 + 276 = 1656
- 526 · 81: 42080 + 526 = 42606
- 369 · 74: 25830 + 1476 = 27306

② a) Wo stecken die Fehler? Erkläre. Verbinde mit dem passenden Tipp.

- 418 · 76: 29260 + 2502 = 31762
- 372 · 15: 3720 + 1860 = 4580
- 921 · 32: 2763 + 1842 = 4605
- 754 · 98: 63560 + 5602 = 69162

Einmaleins üben — auf Gemerktzahlen achten — Auf die Stellen achten

b) Rechne richtig.

- 418 · 76: 29260 + 2508 = 31768
- 372 · 15: 3720 + 1860 = 5580
- 921 · 32: 27630 + 1842 = 29472
- 754 · 98: 67860 + 6032 = 73892

③ Welche Zahlen fehlen? Ergänze sie. Erkläre, wie du vorgehst.

Hier wurde immer zuerst mit dem Zehner multipliziert.

- [5]21 · 36: 156[30] + [31]26 = [18756]
- [9]4[8] · 27: 18960 + [6636] = [25596]
- 6[0]4 · 99: [54]360 + 543[6] = [59796]
- [7]43 · 65: 44580 + [3]715 = [48295]

④ Im Kopf oder schriftlich?

- 370 · 96 = 35 520
- 2100 · 30 = 63 000
- 6418 · 19 = 121 942

z. B. 370 · 96: 33300 + 2220 = 35520

6418 · 19: 64180 + 57762 = 121942

Zahlenzauber 4 – Arbeitsheft © 2015 Cornelsen Schulverlage GmbH, Berlin

Viele, viele Malaufgaben

SB S. 78/79

Zwei Aufgaben kann ich mir sparen.

① Rechne nur die Aufgaben, deren Ergebnis zwischen 4000 und 5000 liegt.

- 59 · 74: 4130 + 236 = 4366
- 22 · 24
- 45 · 95: 4050 + 225 = 4275
- 63 · 78: 4410 + 504 = 4914
- 86 · 44

② Wie heißt das Lösungswort? Rechne und trage die Lösungsbuchstaben ein: [S][U][P][E]R!

- 705 · 26: 14100 + 4230 = 18330
- 327 · 89: 26160 + 2943 = 29103
- 801 · 73: 56070 + 2403 = 58473
- 628 · 44: 25120 + 2512 = 27632

17 763	18 330	24 700	27 632	29 103	36 704	43 721	58 473
B	S	R	E	U	Z	A	P

③ Schöne Ergebnisse

- 481 · 21: 9620 + 481 = 10101
- 962 · 42: 38480 + 1924 = 40404
- 555 · 91: 49950 + 555 = 50505
- 1554 · 39: 46620 + 13986 = 60606

④ Setze die Aufgabenreihe fort. Vermute zuerst, wie das Ergebnis lautet. Überprüfe durch Rechnen.

a)
- 90 · 90 = 8100
- 89 · 91: 8010 + 89 = 8099
- 88 · 92: 7920 + 176 = 8096
- 87 · 93: 7830 + 261 = 8091

b)
- 70 · 70 = 4900
- 71 · 69: 4260 + 639 = 4899
- 72 · 68: 4320 + 576 = 4896
- 73 · 67: 4380 + 511 = 4891

Zahlenzauber 4 – Arbeitsheft © 2015 Cornelsen Schulverlage GmbH, Berlin

Beim Einkaufen – Rechnen mit Kommazahlen ①

SB S. 80/81

① Frau Huber kauft ein. Wie viel muss sie bezahlen?

Einkauf	Einzelpreis	Menge	Gesamtpreis
2 Ananas	2,99 €	2	5,98 €
5 Kiwis	0,35 €	5	1,75 €
Trauben	1,99 €	1	1,99 €
3 Salate	0,59 €	3	1,77 €
		Summe:	11,49 €

A: Sie muss 11,49 € bezahlen.

② Melanie und Petra kaufen 1 kg Mandarinen und 4 Kiwis. Sie bezahlen mit einem 5-Euro-Schein. Wie viel Geld bleibt übrig?

4 · 0,35 € = 1,40 €

1,78 € + 1,40 € = 3,18 €

5 € – 3,18 € = 1,82 €

A: Es bleiben 1,82 € übrig.

③ Berechne jeweils den günstigsten Preis.

PREISE: Krapfen 1,10 €, Semmel 0,35 €, Kirschtörtchen 1,45 €

Angebote für 2 €! 3 Krapfen, 10 Semmeln, 2 Kirschtörtchen

5 Semmeln	35 ct · 5 = 175 ct = 1,75 €
20 Semmeln	4 €
7 Krapfen	4 € + 1,10 € = 5,10 €
11 Krapfen	6 € + 2,20 € = 8,20 €
3 Kirschtörtchen	2 € + 1,45 € = 3,45 €
4 Kirschtörtchen	4 €

Zahlenzauber 4 – Arbeitsheft © 2015 Cornelsen Schulverlage GmbH, Berlin

Beim Einkaufen – Rechnen mit Kommazahlen ②

SB S. 80/81

Schreibe immer stellengerecht untereinander.

① Die vierten Klassen der Erich-Kästner-Schule kaufen für das Klassenfest ein:

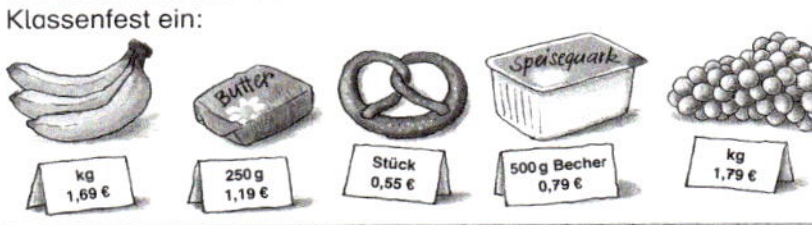

Einkauf	Einzelpreis	Gesamtpreis
3 Becher Quark	0,79 €	2,37 €
50 Brezen	0,55 €	27,50 €
2 kg Weintrauben	1,79 €	3,58 €
3 kg Bananen	1,69 €	5,07 €
2 Päckchen Butter	1,19 €	2,38 €
Rechne hier oder auf deinem Block.	Summe:	40,09 €

40,90 €

② 50 Butterbrezen, 22 Obstspieße und 25 Becher Früchtequark werden verkauft.

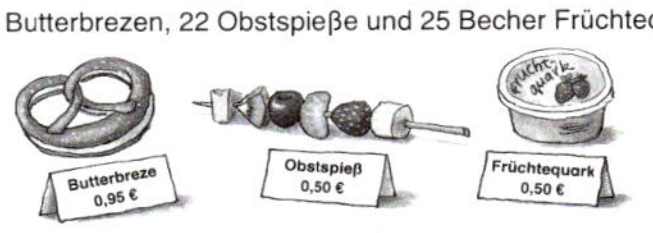

a) Wie viel wurde eingenommen?

Zusammen:

Brezen	47,50 €
Spieße	11,00 €
Quark	12,50 €
Summe	71,00 €

b) Wie viel Geld bleibt am Ende für die Klassenkassen übrig?

Einnahme:	71,00 €
Ausgabe:	– ~~43,48~~ € 40,90 €
Gewinn für die Klassenkassen:	~~27,52~~ € 30,10 €

Zahlenzauber 4 – Arbeitsheft © 2015 Cornelsen Schulverlage GmbH, Berlin

Kunst mit Zirkel und Geodreieck

SB S. 82/83

① Zeichne um jeden Punkt einen Kreis mit 1,2 cm Radius. Male das fertige Bild aus.

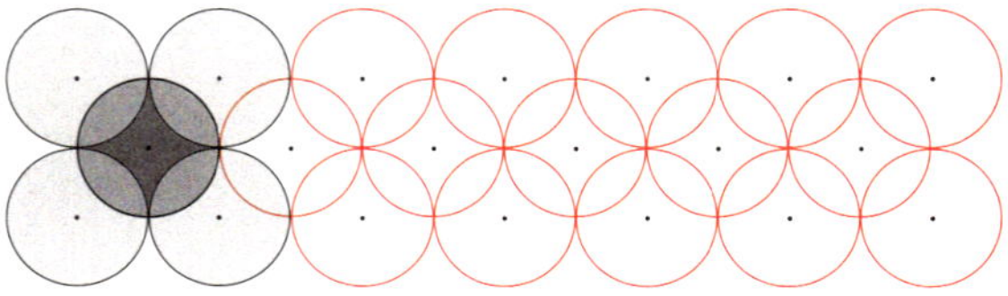

② Zeichne zu jeder Linie 2 Linien, die darauf senkrecht stehen (grün) und 2 parallele Linien (blau). Markiere die rechten Winkel.

⊿ ist das Zeichen für „Rechter Winkel".

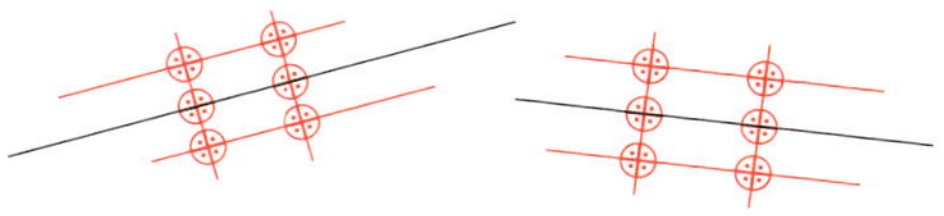

③ Ergänze die Linien zu Quadraten. Male die Flächen farbig aus.

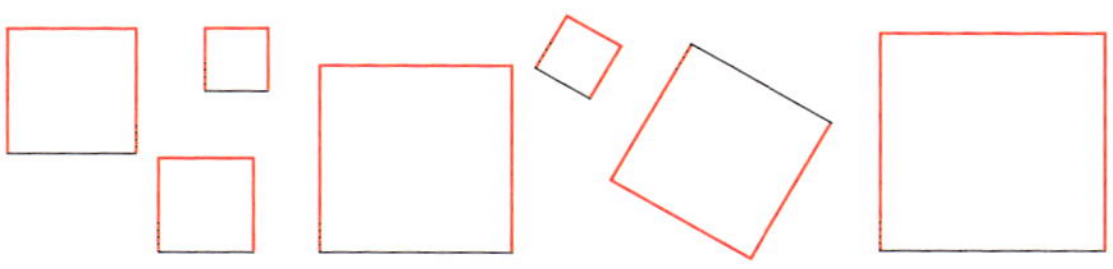

★ ④ Zeichne Quadrate mit 4 cm Seitenlänge. Zeichne dann die Punkte und die Kreise ein. Male die Figuren farbig an.

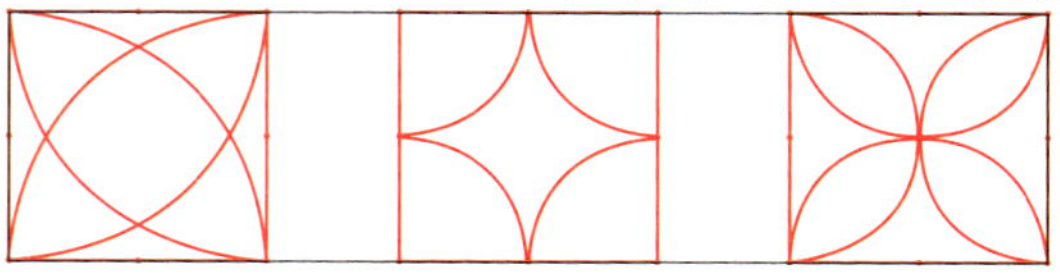

Zeichne solche Figuren in dein 📖.

Tierisch schwer

SB S. 84/85

① Tierbabys sind bei ihrer Geburt unterschiedlich schwer. Erstaunlich, wie schwer sie als ausgewachsene Tiere sind.

	Tierbaby	ausgewachsenes Tier
Pandabär	100 g	60 kg
Elefant	100 kg	6 000 kg
Känguru	1 g	70 kg
Giraffe	60 kg	1 200 kg
Blauwal	3 000 kg	150 000 kg
Tiger	1 kg	300 kg

a) Ordne die Tiere nach ihrem Geburtsgewicht.

Känguru, *Pandabär, Tiger, Giraffe, Elefant, Blauwal*

b) Wie verändert sich die Reihenfolge, wenn die Tiere ausgewachsen sind? Ordne.

Pandabär, Känguru, Tiger, Giraffe, Elefant, Blauwal

c) Welche Tiere wiegen ausgewachsen mehr als 500 kg?

Elefant, *Giraffe*, *Blauwal*

d) Welche ausgewachsenen Tiere sind leichter als ein erwachsener Mensch (ca. 80 kg)?

Pandabär, *Känguru*

② Welche Aussagen stimmen für die ausgewachsenen Tiere? Kreuze sie an ☒.

- ☐ Ein Tiger ist schwerer als eine Giraffe.
- ☒ 20 Pandabären sind etwa genauso schwer wie eine Giraffe.
- ☒ Ein Blauwal ist etwa 25-mal schwerer als ein Elefant.
- ☐ Ein Känguru ist leichter als ein Pandabär.
- ☒ 2 Pandas und 2 Kängurus sind leichter als ein Tiger.
- ☒ Der Blauwal ist schwerer als alle anderen Tiere zusammen.

Braucht ihr hier ein genaues Ergebnis?

③ Berechnet den Nahrungsmittelverbrauch eines Zoo-Elefanten in 2 Tagen, in 10 Tagen und in 30 Tagen. Ergänze die Tabelle.

	Heu	Mehl	Brot	Obst/Gemüse	Salz	Laub/Blätter
1 Tag	45 kg	3 kg	2 kg	12 kg	250 g	50 kg
1 Woche	*90 kg*	*6 kg*	*4 kg*	*24 kg*	*500 g*	*100 kg*
1 Monat	*450 kg*	*30 kg*	*20 kg*	*120 kg*	*2 500 g*	*500 kg*
1 Jahr	*1350 kg*	*90 kg*	*60 kg*	*360 kg*	*7 500 g*	*1500 kg*

Sachaufgaben ①

SB S. 86/87

① Stefan unterhält sich mit einer Bäuerin. Diese erzählt ihm: „Auf dem Bauernhof haben wir 91 Schweine und Hühner. Es sind 25 Hühner weniger als Schweine. Jetzt kannst du ausrechnen, wie viele Tiere es jeweils gibt."

Ich probiere es mit einer Tabelle.

Schweine	Hühner	Unterschied
60	31	29
58	*33*	*25*

Ich rechne im Kopf.

91 − 25 = 66
66 : 2 = 33
91 − 33 = 58

A: *Es gibt 58 Schweine und 33 Hühner.*

② Entlang eines Weges sollen auf beiden Seiten Bäume gepflanzt werden. Sie sollen im Abstand von 50 m stehen. Die Strecke zwischen dem ersten und dem letzten Baum ist 300 m lang. Wie viele Bäume werden benötigt?

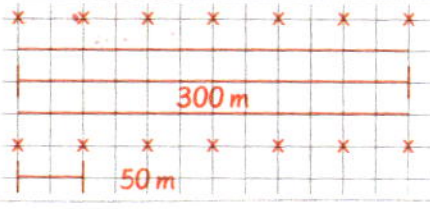

A: *Es werden 14 Bäume benötigt.*

★ ③ Die Entfernung zwischen Destadt und Eburg beträgt 120 km. Von Destadt nach Eburg braucht ein ICE 40 min und in die umgekehrte Richtung eine Regionalbahn 60 min. Beide Züge fahren zur gleichen Zeit los.

Ich fahre lieber mit dem Zug als mit dem Auto!

a) Welchen Weg legt jeder Zug in einer Minute zurück?
b) Wie viele Minuten nach Abfahrt begegnen sich die Züge?
c) In welcher Entfernung von Destadt treffen sie sich?

Rechne hier oder auf deinem Block.

a) 120 km : 40 = 3 km
120 km : 60 = 2 km

	ICE	*RB*	*zusammen*
1 min	*3 km*	*2 km*	*5 km*
10 min	*30 km*	*20 km*	*50 km*
20 min	*60 km*	*40 km*	*100 km*
24 min	*72 km*	*48 km*	*120 km*

A: *a) Der ICE legt 3 km in der Minute zurück, die Regionalbahn 2 km.*
b) Nach 24 Minuten begegnen sich die beiden Züge.
c) Sie treffen sich 72 km von Destadt entfernt.

Sachaufgaben ②

SB S. 86/87

Kreta

Flug pro Person:	80 € je Hin- und Rückflug pro Person
Hotel mit Vollpension:	43 € pro Erwachsenem und Nacht 30 € pro Kind und Nacht Kinder bis 4 Jahre übernachten kostenlos.

① Josua (8), Noah (5) und Lea (3) werden mit ihren Eltern auf Kreta Urlaub machen. Der Reisepreis für die ganze Familie für 10 Tage beträgt 980 €. Kann das stimmen?

Ist es hier wichtig, den genauen Reisepreis auszurechnen?

Nein, es ist nicht wichtig, den genauen Reisepreis auszurechnen.
Die Übernachtung für alle kostet schon mehr als 1000 Euro.
980 € kann also nicht stimmen.

A:

② Im Flugzeug befinden sich 450 Personen. Es sind 4-mal so viele Erwachsene wie Kinder. Wie viele Kinder und Erwachsene sind es?

Tipp: Das 4-fache und das 1-fache zusammen sind 5 Teile.

450 : 5 = 90
450 − 90 = 360

A: *Es sind 360 Erwachsene und 90 Kinder im Flugzeug.*

③ Die Kinder wollen für den Urlaub noch einen Rucksack kaufen. Papa schlägt vor: „Ich zahle die Hälfte, ihr Kinder zahlt die andere Hälfte." Lea ist die Kleinste. Sie bezahlt einen Anteil. Noah zahlt doppelt so viel wie Lea und Josua doppelt so viel wie Noah. Wie viel muss jeder bezahlen, wenn der Rucksack 70 € kostet?

70 € : 2 = 35 €
1 + 2 + 4 = 7
35 € : 7 = 5 €   *2 · 5 € = 10 €*   *2 · 10 € = 20 €*

A: *Lea zahlt 5 €, Noah 10 €, Josua 20 € und Papa 35 €.*

Zahlenzauber 4 – Arbeitsheft © 2015 Cornelsen Schulverlage GmbH, Berlin

Schriftlich dividieren ①

SB S. 88/89

① Rechne schriftlich.

7524 : 6 = 1254 (−6; 15, −12; 32, −30; 24, −24; 0)

952 : 8 = 119 (−8; 15, −8; 72, −72; 0)

835 : 5 = 167 (−5; 33, −30; 35, −35; 0)

771 : 3 = 257 (−6; 17, −15; 21, −21; 0)

6532 : 4 = 1633 (−4; 25, −24; 13, −12; 12, −12; 0)

9982 : 7 = 1426 (−7; 29, −28; 18, −14; 42, −42; 0)

② Erkläre deinem Partner, wie du schriftlich dividierst.

③ Wie viele Stellen hat das Ergebnis? Setze vor dem Rechnen Bögen und Punkte. Begründe.

7728 : 8 = 966 (−72; 52, −48; 48, −48; 0)

7122 : 6 = 1187 (−6; 11, −6; 52, −48; 42, −42; 0)

2148 : 4 = 537 (−20; 14, −12; 28, −28; 0)

3175 : 5 = 635 (−30; 17, −15; 25, −25; 0)

8658 : 3 = 2886 (−6; 26, −24; 25, −24; 18, −18; 0)

3465 : 7 = 495 (−28; 66, −63; 35, −35; 0)

Zahlenzauber 4 – Arbeitsheft © 2015 Cornelsen Schulverlage GmbH, Berlin

Schriftlich dividieren ②

SB S. 88/89

① So vergisst du keine Stelle: Ziehe Pfeile.

385866 : 9 = 42874 (−36; 25, −18; 78, −72; 66, −63; 36, −36; 0)

524736 : 6 = 87456 (−48; 44, −42; 27, −24; 33, −30; 36, −36; 0)

31784 : 4 = 7946 (−28; 37, −36; 18, −16; 24, −24; 0)

7896 : 7 = 1128 (−7; 08, −7; 19, −14; 56, −56; 0)

② Überprüfe dein Ergebnis mit dem Überschlag.

5872 : 8 = 734 (−56; 27, −24; 32, −32; 0)
Ü: 5600 : 8 = 700

7617 : 3 = 2539 (−6; 16, −15; 11, −9; 27, −27; 0)
Ü: 6000 : 3 = 2000

38435 : 5 = 7687 (−35; 34, −30; 43, −40; 35, −35; 0)
Ü: 35000 : 5 = 7000

45858 : 6 = 7643 (−42; 38, −36; 25, −24; 18, −18; 0)
Ü: 42000 : 6 = 7000

Zahlenzauber 4 – Arbeitsheft © 2015 Cornelsen Schulverlage GmbH, Berlin

Schriftlich dividieren – Vorsicht Nullen!

SB S. 90/91

① Immer zwei Aufgaben haben das gleiche Ergebnis. Umrahme mit der gleichen Farbe.

14456 : 8 = 1807 (−8; 64, −64; 05, −0; 56, −56; 0)

4515 : 5 = 903 (−45; 01, −0; 15, −15; 3)

570 : 3 = 190 (−3; 27, −27; 00, −0; 0)

10842 : 6 = 1807 (−6; 48, −48; 04, −0; 42, −42; 0)

1140 : 6 = 190 (−6; 54, −54; 00, −0; 0)

6321 : 7 = 903 (−63; 02, −0; 21, −21; 0)

② Vorsicht Fehler! Erkläre, wo der Fehler steckt. Rechne die Aufgaben richtig. Verbinde mit dem richtigen Tipp.

1464 : 4 = 36 (−12; 24, −24; 0)

4932 : 6 = 8112 (−48; 13, −6; 7, −6; 12, −12; 0)

7005 : 5 = 1411 (−5; 20, −20; 005, −5; 05)

1464 : 4 = 366 (−12; 26, −24; 24, −24; 0)

4932 : 6 = 822 (−48; 13, −12; 12, −12; 0)

7005 : 5 = 1401 (−5; 20, −20; 00, −0; 05, −5; 0)

immer nur eine Stelle herunterholen | Pfeile ziehen | Der Rest muss kleiner als der Teiler sein.

Zahlenzauber 4 – Arbeitsheft © 2015 Cornelsen Schulverlage GmbH, Berlin

Dividieren – schriftlich und auch im Kopf

SB S. 92/93

① Dividiere schriftlich und kontrolliere.

36579 : 6 = 6096 R 3 (−36; 05, −0; 57, −54; 39, −36; 3)
6096 · 6 = 36576

12893 : 3 = 4297 R 2 (−12; 08, −6; 29, −27; 23, −21; 2)
4297 · 3 = 12891

② Dividiere. Kannst du jeweils die zweite Aufgabe lösen, ohne schriftlich zu rechnen?

73487 : 7 = 10498 R 1 (−7; 03, −0; 34, −28; 68, −63; 57, −56; 1)

49306 : 8 = 6163 R 2 (−48; 13, −8; 50, −48; 26, −24; 2)

73486 : 7 = 10498

49304 : 8 = 6163

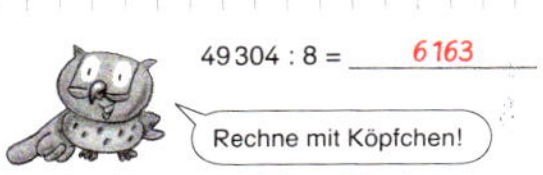

③ Schriftlich oder im Kopf? Entscheide selbst und rechne. Du kannst auch auf deinem Block rechnen.

4865 : 5 = 973 | 80400 : 8 = 10050 | 3824 : 4 = 956

777777 : 7 = 111111 | 6732 : 9 = 748 | 30060 : 6 = 5010

4865 : 5 = 973 (−45; 36, −35; 15, −15; 0)

6732 : 9 = 748 (−63; 43, −36; 72, −72; 0)

3824 : 4 = 956 (−36; 22, −20; 24, −24; 0)

Zahlenzauber 4 – Arbeitsheft © 2015 Cornelsen Schulverlage GmbH, Berlin

Dividieren mit Forscherblick

SB S. 94/95

① a) Male an: ohne Rest Rest 1 Rest 2 Rest 3

3424 : 4 (ohne Rest), 71417 : 4, 29028 : 4 (ohne Rest), 56322 : 4, 893411 : 4, 79007 : 4, 944 : 4 (ohne Rest), 12850 : 4, 3437 : 4

Eine Zahl ist durch 4 teilbar, wenn die letzten beiden Stellen …

b) Löse die Aufgaben, die ohne Rest durch 4 teilbar sind.

3424 : 4 = 856
−32
22
−20
24
−24
0

29028 : 4 = 7257
−28
10
−8
22
−20
28
−28
0

944 : 4 = 236
−8
14
−12
24
−24
0

② Rechne nur Aufgaben, bei denen kein Rest entsteht.

7620 : 3 (markiert), 84028 : 3, 973421 : 3, 13694 : 3, 13521 : 3 (markiert), 522 : 3 (markiert)

Eine Zahl ist durch 3 teilbar, wenn die Quersumme …

7620 : 3 = 2540
−6
16
−15
12
−12
00
−0
0

13521 : 3 = 4507
−12
15
−15
02
−0
21
−21
0

522 : 3 = 174
−3
22
−21
12
−12
0

③ Verändere die Zahlen an der Einerstelle so, dass sie durch 9 teilbar sind. Rechne.

1856 → 1854 24047 → 24048 831 → 837

1854 : 9 = 206
−18
05
−0
54
−54
0

24048 : 9 = 2672
−18
60
−54
64
−63
18
−18
0

837 : 9 = 93
−81
27
−27
0

Schreibe weitere Aufgaben zu den Teilbarkeitsregeln in dein Heft.

Zahlenzauber 4 – Arbeitsheft © 2015 Cornelsen Schulverlage GmbH, Berlin

Grundwissen ④

SB S. 96/97

❶ Verbinde Aufgabe und Ergebnis.

a) 6 · 9 – 54; 6 · 90 – 540; 6 · 9000 – 54000; 6 · 900 – 5400 (vorgegeben: 72000, 72, 7200, 720 durchgestrichen)

b) 7 · 400 – 2800; 7 · 4000 – 28000; 7 · 40 – 280; 7 · 4 – 28

c) 8 · 30 – 240; 8 · 3000 – 24000; 8 · 3 – 24; 8 · 300 – 2400

❷ Multipliziere schriftlich.

583 · 7 = 4081 328 · 6 = 1968 581 · 6 = 3486 817 · 9 = 7353 661 · 5 = 3305

730 · 8 = 5840 409 · 6 = 2454 208 · 9 = 1872 840 · 8 = 6720 604 · 7 = 4228

❸ Verbinde Aufgabe und Ergebnis.

a) 720 : 8 – 90; 7200 : 8 – 900; 72 : 8 – 9; 72000 : 8 – 9000

b) 6300 : 9 – 700; 63 : 9 – 7; 63000 : 9 – 7000; 630 : 9 – 70

c) 27000 : 3 – 9000; 270 : 3 – 90; 2700 : 3 – 900; 27 : 3 – 9

❹ Dividiere schriftlich.

896 : 9 = 99 R 5
−81
86
−81
5

7522 : 6 = 1253 R 4
−6
15
−12
32
−30
22
−18
4

Zahlenzauber 4 – Arbeitsheft © 2015 Cornelsen Schulverlage GmbH, Berlin

Bist du fit? ④

SB S. 96/97

❶ Überschlage und rechne.

Ü: 400 · 6 = 2400 374 · 6 = 2244
Ü: 600 · 3 = 1800 592 · 3 = 1776
Ü: 700 · 9 = 6300 743 · 9 = 6687

Ü: 500 · 80 = 40000 456 · 83: 36480 + 1368 = 37848
Ü: 700 · 20 = 14000 681 · 24: 13620 + 2724 = 16344
Ü: 4000 · 70 = 280000 3965 · 71: 277550 + 3965 = 281515

❷ Fülle die Lücken.

652 · 5 = 3260 738 · 3 = 2214 483 · 7 = 3381 914 · 6 = 5484 536 · 4 = 2144

❸ Dividiere schriftlich.

3156 : 4 = 789
−28
35
−32
36
−36
0

2478 : 7 = 354
−21
37
−35
28
−28
0

3630 : 6 = 605
−36
03
−0
30
−30
0

❹ Dividieren mit Rest

46327 : 5 = 9265 R 2
−45
13
−10
32
−30
27
−25
2

37436 : 8 = 4679 R 4
−32
54
−48
63
−56
76
−72
4

Zahlenzauber 4 – Arbeitsheft © 2015 Cornelsen Schulverlage GmbH, Berlin

Ganz genau und ungefähr

SB S. 98/99

① Runde auf volle Hunderttausender, Zehntausender und Tausender.

	HT	ZT	T
561814	≈ 600000	≈ 560000	≈ 562000
423836	≈ 400000	≈ 420000	≈ 424000
742477	≈ 700000	≈ 740000	≈ 742000
638185	≈ 600000	≈ 640000	≈ 638000
193498	≈ 200000	≈ 190000	≈ 193000

≈ bedeutet „ist ungefähr".

② a)

Stadionbesucher		Runde auf volle ZT	Runde auf volle T
BVB Dortmund	81168	80000	81000
Bor. Mönchengladbach	49464	50000	49000
VfB Stuttgart	53512	50000	54000
Hertha BSC Berlin	64843	60000	65000
FC Augsburg	30660	30000	31000
Bayern München	69901	70000	70000

b) Vervollständige das Balkendiagramm. Verwende die gerundeten Tausenderzahlen.

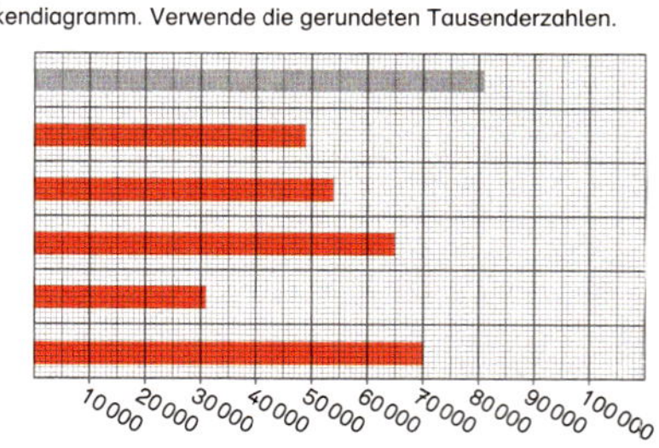

③ Welche Zahlen könnten hier gerundet worden sein? Schreibe die kleinsten/größten Zahlen auf.

gerundete Zahl	kleinste Zahl	größte Zahl
32100	32050	32149
29700	29650	29749
31500	31450	31549

gerundete Zahl	kleinste Zahl	größte Zahl
840000	835000	844999
610000	605000	614999
280000	275000	284999

Zahlenzauber 4 – Arbeitsheft © 2015 Cornelsen Schulverlage GmbH, Berlin

Zahlenzauber 4 – Lösungsheft © 2015 Cornelsen Schulverlage GmbH, Berlin

Geschwindigkeit

SB S. 102/103

① Für eine Strecke von 148 km auf der Landstraße braucht Frau Köhler zwei Stunden.
Wie weit käme sie jeweils, wenn sie immer gleich schnell fahren würde?
Ergänze die Tabelle.

Zeit	30 min	1 h	2 h	3 h	4 h
km	37 km	74 km	148 km	222 km	296 km

② In der Stadt ist Frau Köhler langsamer unterwegs.
Wie lange wäre sie unterwegs, wenn sie ständig 50 km/h fahren könnte?
Ergänze die Tabelle.

Zeit	6 min	12 min	24 min	30 min	1 h	2 h	4 h
km	5 km	10 km	20 km	25 km	50 km	100 km	200 km

③ Frau Köhler tankt E 10 für 1,42 € pro Liter. Bei einer Strecke von 100 km verbraucht sie etwa 8 Liter.
Wie viel kostet das Benzin für die gefahrenen Strecken?
Ergänze die Tabelle.

Strecke	25 km	50 km	100 km	500 km
Liter	2 l	4 l	8 l	40 l
Preis	2,84 €	5,68 €	11,36 €	56,80 €

Platz zum Rechnen für die Aufgaben ①–③

z. B.
1,42 € · 2 = 2,84 €
2,84 € · 2 = 5,68 €
5,68 € · 2 = 11,36 €
5,68 € · 10 = 56,80 €

Zahlenzauber 4 – Arbeitsheft © 2015 Cornelsen Schulverlage GmbH, Berlin

Sichtbare und unsichtbare Würfel

SB S. 106/107

① Aus wie vielen Einheitswürfeln bestehen die Würfelgebäude?
Trage die Anzahlen ein.

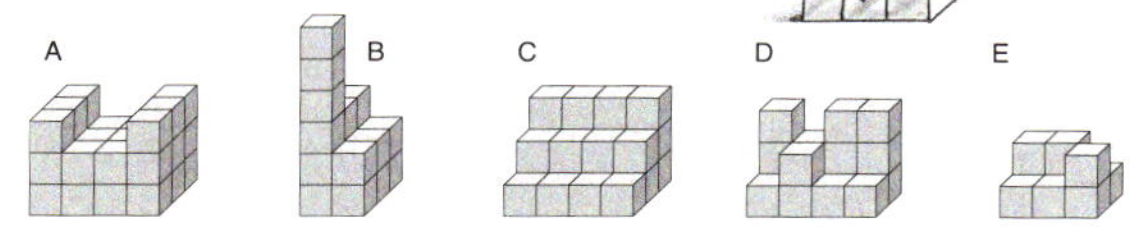

A: 30 Würfel | B: 18 Würfel | C: 24 Würfel | D: 16 Würfel | E: 9 Würfel

② Welcher Bauplan passt zu welchem Würfelgebäude aus Aufgabe ①?
a) Trage die Buchstaben ein.
b) Zwei Baupläne fehlen. Zeichne sie.

a)

2	2	1
1	1	2

E

3	2	3	3
1	2	1	1

D

3	2
3	2
6	2

B

b)

3	2	2	3
3	2	2	3
3	2	2	3

A

3	3	3	3
2	2	2	2
1	1	1	1

C

③ Wie viele Würfel passen in jede Schachtel? Trage die Anzahlen ein.

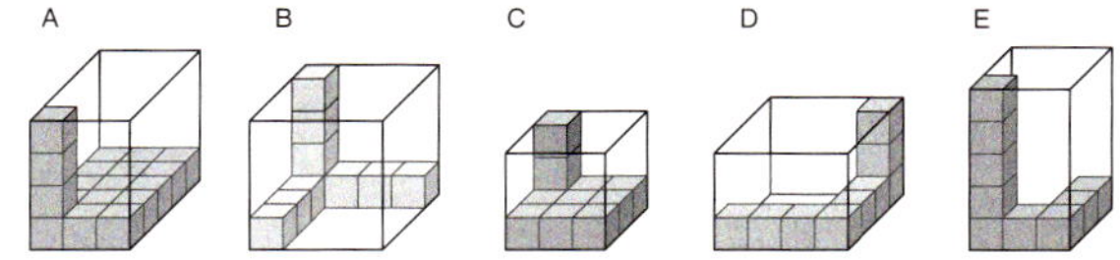

A: 60 Würfel | B: 64 Würfel | C: 27 Würfel | D: 48 Würfel | E: 45 Würfel

Ergänze: Schachtel B hat den größten Rauminhalt.
Schachtel C hat den kleinsten Rauminhalt.

Zahlenzauber 4 – Arbeitsheft © 2015 Cornelsen Schulverlage GmbH, Berlin

Plan und Wirklichkeit

SB S. 110/111

① Ergänze die Tabellen im Maßstab 1 : 100.

a)

Plan	Wirklichkeit
1 cm	1 m
8 cm	8 m
10 cm	10 m
1 mm	10 cm
5 mm	50 cm
9 mm	90 cm

b)

Plan	Wirklichkeit
4 cm 2 mm	4 m 20 cm
6 cm 8 mm	6 m 80 cm
3 cm 5 mm	3 m 50 cm
12 cm 2 mm	12 m 20 cm
14 cm 1 mm	14 m 10 cm
15 cm 5 mm	15 m 50 cm

② Wie lang und wie breit sind das Zimmer und die Möbel? Ergänze die Tabelle.

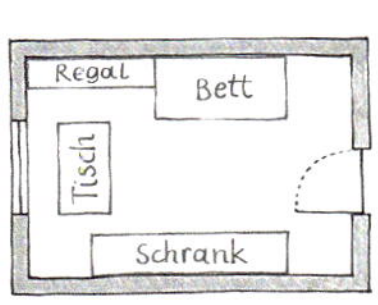

M 1 : 100		Plan	Wirklichkeit
Zimmer	Länge	5 cm	5 m
	Breite	3 cm 5 mm	3 m 50 cm
Bett	Länge	2 cm	2 m
	Breite	1 cm	1 m
Tisch	Länge	1 cm 5 mm	1 m 50 cm
	Breite	8 mm	80 cm
Regal	Länge	2 cm	2 m
	Breite	5 mm	50 cm
Schrank	Länge	3 cm	3 m
	Breite	7 mm	70 cm

③ Zeichne die Möbel in den Plan im Maßstab 1 : 100 ein.

M 1 : 100		Wirklichkeit	Plan
Bett	Länge	2 m 20 cm	2 cm 2 mm
	Breite	1 m	1 cm
Schrank	Länge	2 m 50 cm	2 cm 5 mm
	Breite	70 cm	7 mm
Regal	Länge	1 m 80 cm	1 cm 8 mm
	Breite	40 cm	4 mm

z. B.

Zahlenzauber 4 – Arbeitsheft © 2015 Cornelsen Schulverlage GmbH, Berlin

Bandornamente

SB S. 114/115

① Setze das Muster fort.

② Setze auch hier das Muster fort. Zeichne die Symmetrieachsen ein.

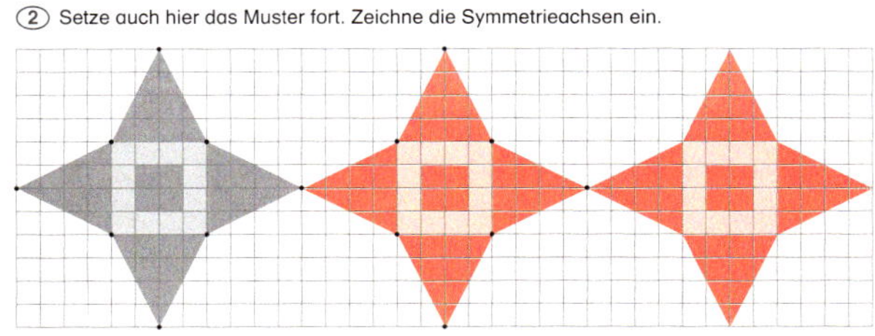

③ Zeichne das Muster fertig.
Färbe so, dass es achsensymmetrisch ist.

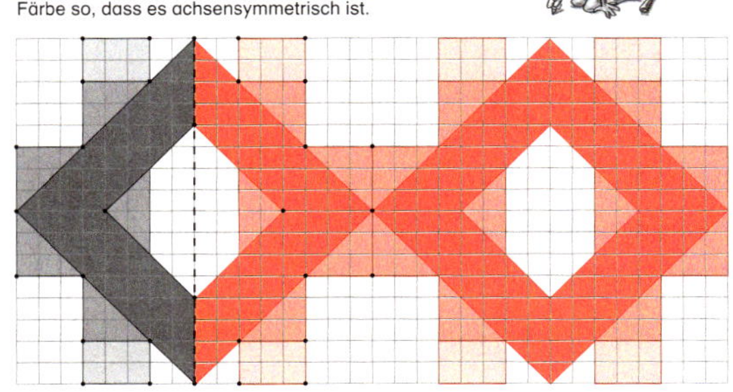

Zeichne solche Muster in dein Heft.

Zahlenzauber 4 – Arbeitsheft © 2015 Cornelsen Schulverlage GmbH, Berlin

Zahlenzauber 4 – Lösungsheft © 2015 Cornelsen Schulverlage GmbH, Berlin

Von der Zeit in der Welt ①

SB S. 116/117

① Wie spät ist es an den verschiedenen Orten?
Ergänze die Uhren und trage die Uhrzeiten ein:

München MEZ	London, England	Miami, USA	Los Angeles, USA	Tokio, Japan
14.00 Uhr	13.00 Uhr	8.00 Uhr	5.00 Uhr	22.00 Uhr
Zeitunterschied zur MEZ	− 1 h	− 6 h	− 9 h	+ 8 h
Peking, China	**Ankara, Türkei**	**Caracas, Venezuela**	**Mexico-Stadt**	**Anchorage, USA**
20.00 Uhr	15.00 Uhr	9.00 Uhr	7.00 Uhr	3.00 Uhr
+ 6 h	+ 1 h	− 5 h	− 7 h	− 11 h

② Michael hat eine Cousine in Denver (USA). Er möchte mit ihr telefonieren.
Seine Uhr zeigt 16.45 Uhr.
Wie spät ist es gerade in Denver, wenn der Zeitunterschied − 8 h beträgt?

A: In Denver ist es gerade 8.45 Uhr.

③ Der Vater von Erkan befindet sich auf einer Dienstreise in Japan.
In Deutschland ist es gerade 6.50 Uhr und Erkan sitzt beim Frühstück.
Er überlegt, wie spät es jetzt wohl in Japan ist.
Der Zeitunterschied beträgt + 8 h.

A: In Japan ist es jetzt 14.50 Uhr.

④ Eine Weltraumrakete startet in Cape Canaveral (USA) um 16.30 Uhr Ortszeit.
Bei uns ist es 6 Stunden später. Welche Uhrzeit haben wir in Deutschland?

A: In Deutschland ist es 22.30 Uhr.

⑤ Die Fußballweltmeisterschaft 2014 fand in Brasilien statt.
Die Zeitverschiebung zu unserer Sommerzeit beträgt − 5 h.
Zu welcher Zeit konnten wir die Fußballspiele im Fernsehen live anschauen,
die um 13.00 Uhr, 16.00 Uhr und um 17.00 Uhr in Brasilien begannen?

A: Wir konnten die Fußballspiele um 18.00 Uhr, um 21.00 Uhr und um 22.00 Uhr live anschauen.

Zahlenzauber 4 – Arbeitsheft © 2015 Cornelsen Schulverlage GmbH, Berlin

Von der Zeit in der Welt ②

SB S. 116/117

① Lies jeweils den Text, löse die Aufgaben und ergänze die Skizzen.

a)

11 h | 25 min

08.25 → 19.25 → 19.50 Ankunft (MEZ)

− 6 h Zeitunterschied

13.50 Ankunft (Ortszeit)

Washington

Ein Flugzeug startet um 8.25 Uhr in München. Die Flugzeit nach Washington (USA) beträgt 11 Stunden 25 Minuten. Wann kommt es in Washington bei einem Zeitunterschied von − 6 h an?

um 13.50 Uhr

b)

8 h | 25 min

09.45 → 17.45 → 18.10 Ankunft (MEZ)

− 6 h Zeitunterschied

12.10 Ankunft (Ortszeit)

New York

Ein Flugzeug startet um 9.45 Uhr in München. Die Flugzeit nach New York beträgt 8 Stunden 25 Minuten. Wann landet es in New York bei einem Zeitunterschied von − 6 h?

um 12.10 Uhr

c)

2 h

16.10 → 18.10 Ankunft (MEZ)

− 1 h Zeitunterschied

17.10 Ankunft (Ortszeit)

London

Ein Flugzeug startet um 16.10 Uhr in Frankfurt. Die Flugzeit nach London beträgt 2 Stunden. Wann landet es dort bei einem Zeitunterschied von − 1 h?

um 17.10 Uhr

d)

3 h | 30 min

9.35 → 12.35 → 13.05 Ankunft (MEZ)

+ 2 h Zeitunterschied

15.05 Ankunft (Ortszeit)

Moskau

Ein Flugzeug startet um 9.35 Uhr in Berlin. Die Flugzeit nach Moskau beträgt 3 h 30 Minuten. Wann landet es dort bei einem Zeitunterschied von + 2 h?

um 15.05 Uhr

Zahlenzauber 4 – Arbeitsheft © 2015 Cornelsen Schulverlage GmbH, Berlin

Sommerzeit – Ferienzeit

SB S. 118/119

① Jonathan und Katharina kaufen für das Zeltlager ein.
Sie brauchen ein Zelt, eine Taschenlampe, zwei Liegebetten und eine Luftpumpe. Eigentlich hätte jedes Kind gerne eine eigene Taschenlampe und sie würden auch gerne noch ein Tauch-Set mitnehmen.
Was würdest du ihnen empfehlen, wenn sie 180 € zur Verfügung haben?

```
  89,95 €        180,00 €
   9,95 €      − 148,83 €
  19,99 €      ---------
  19,99 €        31,17 €
+  8,95 €
---------        31,17 €
 148,83 €      − 29,99 €
               ---------
                  2,18 €
```

A: Da sie nur 180 € haben, sollten sie besser zusätzlich nur ein Tauchset kaufen.

② Das Zeltlager findet mit einer Gruppe auf einem Zeltplatz statt. Für den Zeltplatz muss die Gruppe 500 € für die ganze Woche bezahlen. Das Essen wird mit 5 € pro Kind pro Tag berechnet.

a) Wie viel kostet der Zeltplatz für jedes Kind, wenn 100, 50, 25 Kinder mitfahren? Erstelle eine Tabelle.

Anzahl Kinder	Gesamtpreis Zeltplatz	Preis pro Kind
100	500 €	5 €
50	500 €	10 €
25	500 €	20 €

Rechne hier oder auf deinem Block.

b) Wie hoch sind die Kosten für das Essen für jedes Kind, wenn das Zeltlager von Montag bis Freitag dauert?

b) 5 € · 5 = 25 €

A: Jedes Kind muss 25 € für das Essen zahlen.

c) Wie viel kostet der Zeltlageraufenthalt für ein Kind, wenn 100, 50, 25 Kinder teilnehmen?

A: Wenn 100 Kinder teilnehmen, kostet der Zeltlageraufenthalt für jedes Kind 30 €, bei 50 Kindern 35 € und bei 25 Kindern 45 €.

Finde eigene Fragestellungen und schreibe sie in dein Heft.

Zahlenzauber 4 – Arbeitsheft © 2015 Cornelsen Schulverlage GmbH, Berlin

Grundwissen ⑤

SB S. 122/123

1 Zähle in Schritten.

a)
57 000, 58 000, 59 000, 60 000 (+ 1000)
49 908, 49 909, 49 910, 49 911 (+ 1)
31 680, 31 690, 31 700, 31 710 (+ 10)

b)
680 000, 690 000, 700 000, 710 000 (+ 10 000)
509 999, 510 000, 510 001, 510 002 (+ 1)
240 404, 340 404, 440 404, 540 404 (+ 100 000)

2 Addiere und subtrahiere schriftlich.

```
  27665      37946      54398     906329
+ 49723    + 28014    − 12645    − 27614
-------    -------    -------    -------
  77388      65960      41753     878715
```

3 Multipliziere schriftlich.

```
574 · 16     490 · 67     305 · 99     728 · 26
  5740        29400        27450        14560
+ 3444       + 3430       + 2745       + 4368
  ----        -----        -----        -----
  9184        32830        30195        18928
```

4 Dividiere im Kopf.

24 000 : 8 000 = 3 | 36 000 : 600 = 60 | 4 800 : 80 = 60
5 600 : 700 = 8 | 28 000 : 70 = 400 | 54 000 : 6 = 9 000
81 000 : 9 = 9 000 | 3 500 : 500 = 7 | 7 200 : 90 = 80

5 Dividiere schriftlich.

```
852 : 4 = 213     243 : 3 = 81     425 : 5 = 85
−8                −24              −40
 05                 03               25
−  4              −  3             − 25
  12                 0                0
− 12
   0
```


Zahlenzauber 4 – Arbeitsheft © 2015 Cornelsen Schulverlage GmbH, Berlin

Zahlenzauber 4 – Lösungsheft © 2015 Cornelsen Schulverlage GmbH, Berlin

Bist du fit? ⑤

Du kannst auch auf deinem Block rechnen.

SB S. 122/123

1

a) Opa, Vater, Mutter und Sohn sind zusammen 150 Jahre alt. Die Mutter ist 5-mal so alt wie ihr 7-jähriger Sohn. Der Opa ist doppelt so alt wie der Vater. Wie alt ist jeder?

Sohn: 7
Mutter: 5 · 7 = 35
Vater: 36
Opa: 72

150 − 35 − 7 = 108
108 : 3 = 36

b) Anna, Tobias, Marion, Bernd und Frank vergleichen ihr Alter. Bernd ist 2 Jahre älter als Anna, aber 3 Jahre jünger als Frank. Marion ist ein Jahr älter als Bernd, aber 4 Jahre jünger als Tobias. Anna und Bernd sind zusammen 18 Jahre alt. Wie alt ist jeder?

Bernd: 10
Anna: 8
Frank: 13
Marion: 11
Tobias: 15

2 Färbe die Zauberhüte mit der richtigen Farbe.

- Der rote Hut hat keine Punkte und keine Streifen. Er steht zwischen einem Zahlenhut mit nur geraden Zahlen und einem anderen Hut.
- Auf dem blauen Hut sind keine Zahlen, er steht nicht neben einem Zahlenhut.
- Der grüne Hut hat keine Streifen und keine Sterne. Sein einziger Nachbar ist ein Zahlenhut.
- Der Hut mit nur geraden Zahlen ist gelb.
- Der braune Hut steht nicht neben dem blauen.

3 Zahlenrätsel

Zahlenzauber 4 – Arbeitsheft © 2015 Cornelsen Schulverlage GmbH, Berlin

Zahlenzauber 4 – Lösungsheft © 2015 Cornelsen Schulverlage GmbH, Berlin

Inhaltsverzeichnis

Tausender, Hunderter, Zehner, Einer

SB S. 6/7

(1) Wie heißen die Zahlen? Ergänze die Tabelle.

a)

T	H	Z	E		
1	0	0	0	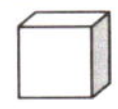	1000
1	2	0	0		
				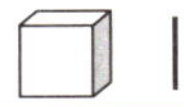	

				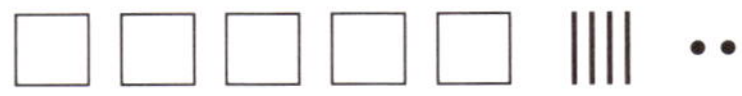	
					2005
					1134
					1407

b)

T	H	Z	E		
1	6	3	5	5E, 6H, 1T, 3Z	1635
				1H, 1T, 6E	
				2T, 4E, 2Z, 3H	
				6Z, 1T, 2E	
				4H, 2T	
				6E, 7Z, 1T	
				1E, 2T, 7H	
				3Z, 3T, 1H	

(2) Welche Stellen verändern sich jeweils? Erkläre und rechne.

a)

465 + 2 = ______

465 + 300 = ______

465 + 30 = ______

465 + 332 = ______

465 – 40 = ______

465 – 3 = ______

465 – 200 = ______

465 – 243 = ______

b)

348 + 50 = ______

348 + 600 = ______

348 + 1 = ______

348 + 651 = ______

348 – 30 = ______

348 – 7 = ______

348 – 200 = ______

348 – 237 = ______

Zahlenzauber 4 – Arbeitsheft © 2015 Cornelsen Schulverlage GmbH, Berlin

SB S. 8/9

① Trage die fehlenden Zahlen ein und ordne die Kärtchen zu.

a)

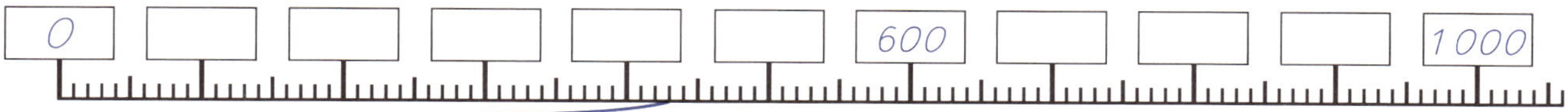

430 210 340 190 580 630 970 820

b)

1120 1260 1480 1320 1680 1550 1970 1850

② Schreibe alle Zahlen auf, die zu den Strichen gehören.

a) 1 268, 1 269,

Kreise die geraden Zahlen ein.

b)

Kreise die ungeraden Zahlen ein.

c)

Kreise die Zahlen mit 0 E oder 0 Z oder 0 H ein.

Zahlenzauber 4 – Arbeitsheft © 2015 Cornelsen Schulverlage GmbH, Berlin

① Nachbarzahlen

	Zahl	
997	998	999
	769	

	Zahl	
	1 420	
	1 206	

	Zahl	
	1 000	
	2 000	

② Nachbarzehner: Unterstreiche jeweils den Zehner, der näher liegt.

Nachbar-zehner	Zahl	Nachbar-zehner
990	998	<u>1 000</u>
	769	
	1 201	

Nachbar-zehner	Zahl	Nachbar-zehner
	1 420	
	1 206	
	1 874	

Nachbar-zehner	Zahl	Nachbar-zehner
	1 000	
	2 000	
	1 900	

③ Nachbarhunderter: Unterstreiche jeweils den Hunderter, der näher liegt.

Nachbar-hunderter	Zahl	Nachbar-hunderter
900	998	<u>1 000</u>
	769	
	1 201	

Nachbar-hunderter	Zahl	Nachbar-hunderter
	1 420	
	1 206	
	1 874	

Nachbar-hunderter	Zahl	Nachbar-hunderter
	1 000	
	2 000	
	1 900	

④ Erkennst du das Muster? Setze die Zahlenfolgen fort.

1 466, 1 468, 1 470, ______, ______, 1 476
+ 2

1 906, 1 904, 1 902, ______, ______, 1 896

1 000, 1 003, 1 006, ______, ______, 1 015

1 015, 1 010, 1 005, ______, ______, 990

Schreibe weitere Zahlenfolgen in dein 📖. Erkläre deine Zahlenfolgen.

★ ⑤ Zahlenrätsel

Bilde die größte gerade Zahl, die kleiner ist als 2 000.

______

Bilde aus den Ziffern 1, 4, 5, 8 die Zahl, die am nächsten an 1 700 liegt.

______

Die Zahl liegt zwischen 1 000 und 2 000. An der Einer- und an der Tausenderstelle steht die gleiche Ziffer. Es kommt noch zweimal die 5 vor. ______

Zahlenzauber 4 – Arbeitsheft © 2015 Cornelsen Schulverlage GmbH, Berlin

Erfindungen und Ereignisse der letzten 800 Jahre

SB S. 10/11

① Die Entwicklung des Fahrrads

a) Trage die fehlenden Zahlen auf der Zeitleiste ein.
Verbinde die Bilder mit dem Jahr der Erfindung.

Zeitleiste: 1820 | ___ | ___ | ___ | 1900 | ___ | ___ | ___ | ___ | ___

1817 Draisine (Laufrad)

1867 Michauline (Pedale vorne)

1873 Hochrad

1880 Niederrad (mit Kette)

1912 Tourenrad

+50 Jahre | ___ | ___ | ___

b) Wie viel Zeit verging von einer Erfindung bis zur nächsten?
Trage oben die Jahre ein.

c) Wie viele Jahre sind bis heute seit jeder Erfindung vergangen?

Erfindung	Jahr	vergangene Zeit bis heute
Draisine	1817	
Michauline		
Hochrad		
Niederrad		
Tourenrad		

② Berühmte Bauwerke

a) Wie lange war die Bauzeit dieser Bauwerke?

b) Vor wie vielen Jahren wurden die Bauwerke fertiggestellt?

Berlin
Brandenburger Tor
1788 – 1791

Ulmer Münster
1377 – 1890

Turm von Pisa
1173 – 1360

Kölner Dom
1248 – 1880

	Berlin Brandenburger Tor	Ulmer Münster	Turm von Pisa	Kölner Dom
Bauzeit:	3 Jahre			
Alter:				

Zahlenzauber 4 – Arbeitsheft © 2015 Cornelsen Schulverlage GmbH, Berlin

Addieren bis 1000

SB S. 12/13

1 Rechne auf deinem Weg. Du kannst die Aufgaben auch im Kopf lösen.

581 + 291 = ______ 321 + 179 = ______ 88 + 224 = ______

189 + 732 = ______ 552 + 98 = ______ 376 + 596 = ______

358 + 485 = ______ 534 + 259 = ______ 734 + 166 = ______

Vergleicht eure Rechenwege.

2 Vereinfache die Aufgaben so, dass du leicht rechnen kannst.

224 + 198 = 422
222 + 200 = 422

863 + 195 = ______

399 + 601 = ______

655 + 245 = ______

514 + 197 = ______

471 + 297 = ______

647 + 205 = ______

399 + 401 = ______

295 + 328 = ______

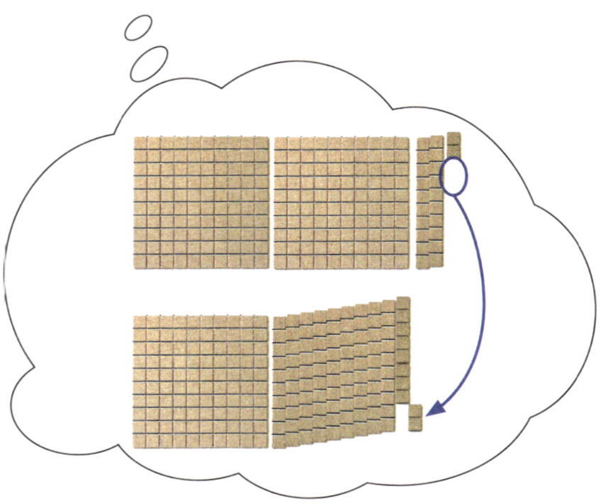

Vergleicht eure Rechenwege.

Zahlenzauber 4 – Arbeitsheft © 2015 Cornelsen Schulverlage GmbH, Berlin

Subtrahieren bis 1000

SB S. 12/13

① Rechne auf deinem Weg.

670 – 45 = ______ 340 – 67 = ______ 450 – 94 = ______

559 – 480 = ______ 728 – 490 = ______ 313 – 160 = ______

② Rechne auf deinem Weg.

916 – 595 = ______ 703 – 664 = ______ 797 – 668 = ______

692 – 348 = ______ 914 – 736 = ______ 836 – 274 = ______

③ 1 024 – 996 = ______ 1 892 – 398 = ______ 2 004 – 1 996 = ______

Vergleicht eure Rechenwege.

Zahlenzauber 4 – Arbeitsheft © 2015 Cornelsen Schulverlage GmbH, Berlin

Schriftlich addieren und subtrahieren

SB S. 14/15

① Rechne schriftlich.

a)

346 + 469	689 + 513

$$\begin{array}{r} 346 \\ +\ 469 \\ \hline \end{array} \qquad \begin{array}{r} 689 \\ +\ 513 \\ \hline \end{array}$$

b)

$$\begin{array}{r} 1346 \\ -\ 589 \\ \hline \end{array} \qquad \begin{array}{r} 1010 \\ -\ 817 \\ \hline \end{array} \qquad \begin{array}{r} 1654 \\ -\ 93 \\ \hline \end{array}$$

② Schreibe untereinander und rechne.

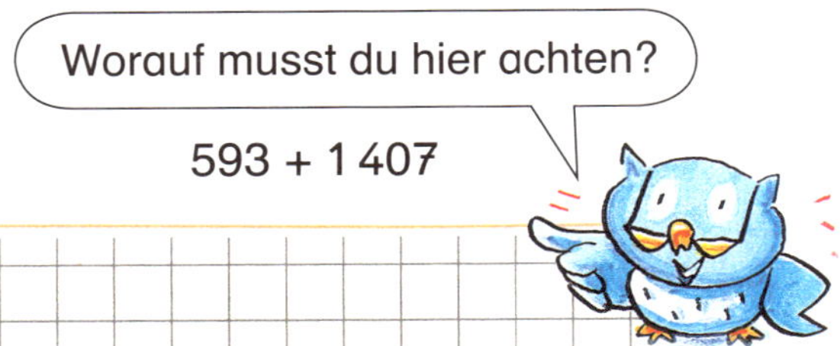

1 208 + 396 1 395 + 286 593 + 1 407

1 953 – 636 1 017 – 459 1 808 – 698

③ Rechne Aufgabe und Umkehraufgabe.

a)

$$\begin{array}{r} 912 \\ -\ 637 \\ \hline \end{array} \qquad \begin{array}{r} 275 \\ +\ 637 \\ \hline \end{array} \qquad \begin{array}{r} 846 \\ -\ 583 \\ \hline \end{array} \qquad \begin{array}{r} 1010 \\ -\ 617 \\ \hline \end{array}$$

b)

$$\begin{array}{r} 908 \\ +\ 958 \\ \hline \end{array} \qquad \begin{array}{r} 317 \\ +\ 486 \\ \hline \end{array} \qquad \begin{array}{r} 478 \\ +\ 1356 \\ \hline \end{array}$$

④ Rechne.

a)

4 _ 4	_ 1 6	4 5 _
+ _ 5 2	+ 4 _ 8	+ _ 5 _ 8
8 2 _	7 5 _	1 _ 7 8

b)

1 _ 5 9	1 8 _ 6	1 1 _ 6
– 7 _ 2	– _ 2 7	– _ 3 8
3 2 _	1 7 5 _	1 0 4 _

Zahlenzauber 4 – Arbeitsheft © 2015 Cornelsen Schulverlage GmbH, Berlin

SB S. 16/17

① Umfrage: Mein Lieblingsgericht
Die Schüler einer Grundschule wurden zu ihrem Lieblingsessen befragt.
Hier ist das Ergebnis:

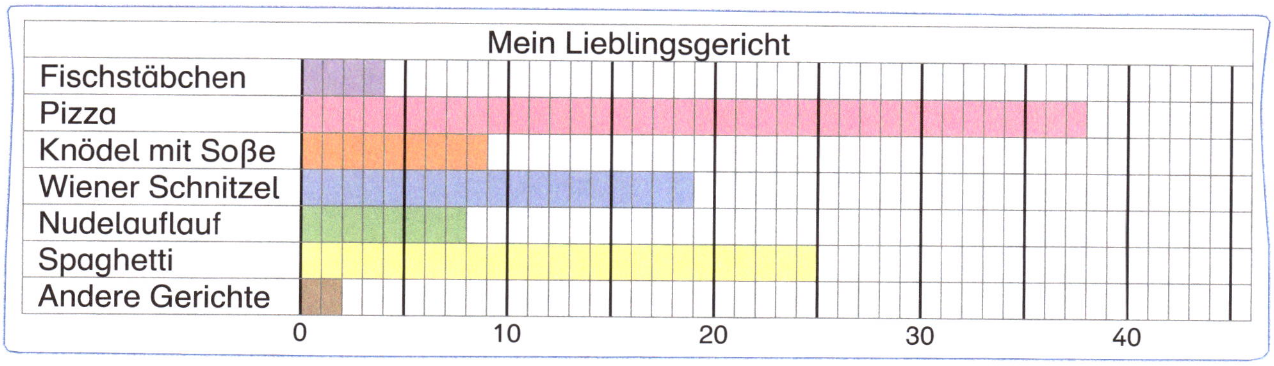

a) Lies das Schaubild genau, rechne und ergänze.
Wie viele Kinder wurden insgesamt befragt?

______ Kinder nahmen an der Umfrage teil.

Nenne das Lieblingsgericht der meisten Kinder: ______

Wie heißen die drei beliebtesten Gerichte?

______

b) Welche Aussagen stimmen? Kreuze an: ☒.

- ☐ Wiener Schnitzel wurde seltener als Lieblingsgericht genannt als Pizza.
- ☐ Nudelauflauf wurde häufig genannt.
- ☐ Weniger Kinder nannten Fischstäbchen als Knödel mit Soße.
- ☐ Mehr als die Hälfte aller Kinder haben als Lieblingsgericht Pizza oder Spaghetti angegeben.

② Umfrage: Lieblingsnachspeise
72 Kinder wurden nach ihrer Lieblingsnachspeise befragt.
Erstelle ein Schaubild.

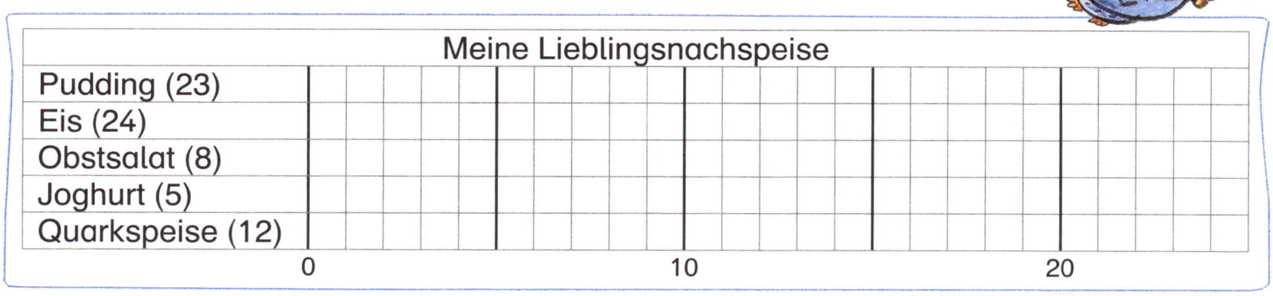

③ Führt eine Umfrage zu Lieblingsnachspeisen, Lieblingseissorten, … in eurer Klasse durch.

Zahlenzauber 4 – Arbeitsheft © 2015 Cornelsen Schulverlage GmbH, Berlin

Ein Aquarium einrichten

SB S. 18/19

(1) Miriam und Jan haben insgesamt 35 € gespart. Sie möchten für ihr Aquarium noch dieses Zubehör kaufen.

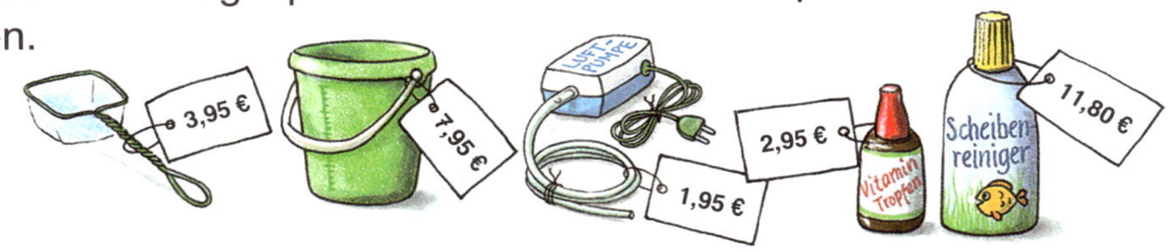

a) Wie viel kostet das Zubehör insgesamt?

A: ______________________________

____

b) Reicht ihr Geld auch noch für eine Wasserpflanze zu 7,60 €?

A: ______________________________

____

(2) a) Schreibe eine Rechengeschichte. Schaffst du es, dass alle Angaben vorkommen?

____

____

____

____

____

____

b) Rechne.

(3) Stefan kauft sich ein gebrauchtes Aquarium für 65 €. Die Heizung und der Innenfilter kosten zusammen 96 €. Dazu sucht er sich noch 2 Guppys aus. Reicht sein Geld?

a) Welche dieser Informationen brauchst du noch, um diese Aufgabe zu lösen? Färbe sie.

Ein Guppy kostet 9 €.	Ein Zwergfadenfisch kostet 10 €.

Stefan hat 200 €.

A: ______________________________

b) Löse die Aufgabe.

Zahlenzauber 4 – Arbeitsheft © 2015 Cornelsen Schulverlage GmbH, Berlin

1 Multiplizieren und dividieren mit 10 und 100

12 · 10 = ___	10 · 16 = ___	1 300 : 10 = ___	150 : 10 = ___
12 · 100 = ___	100 · 16 = ___	1 300 : 100 = ___	1 500 : 10 = ___
120 · 10 = ___	10 · 160 = ___	130 : 10 = ___	1 500 : 100 = ___

Aufgaben mit mal 10 und mal 100: Schreibe in dein 📖.

2 Multiplizieren mit Vielfachen von 10 und 100

a)

4 · 7 = ___	3 · 8 = ___	9 · 3 = ___	8 · 9 = ___
4 · 70 = ___	3 · 80 = ___	9 · 30 = ___	8 · 90 = ___

b)

8 · 3 = ___	7 · 6 = ___	3 · 7 = ___	6 · 4 = ___
80 · 3 = ___	70 · 6 = ___	30 · 7 = ___	60 · 4 = ___

c)

4 · 3 = ___	3 · 5 = ___	6 · 3 = ___	2 · 9 = ___
4 · 300 = ___	3 · 500 = ___	600 · 3 = ___	200 · 9 = ___

3 Dividiere.

Die Umkehraufgabe hilft.

320 : 80 = ___	420 : 70 = ___	480 : 60 = ___	200 : 50 = ___
___ · 80 = 320	___	___	___
320 : 8 = ___	420 : 7 = ___	480 : 6 = ___	200 : 5 = ___
___ · 8 = 320	___	___	___

4 5 Zahlen – 8 Aufgaben

Findest du alle Aufgaben?

6 60
80
480 8

Zahlenzauber 4 – Arbeitsheft © 2015 Cornelsen Schulverlage GmbH, Berlin

Kombinieren und darstellen

SB S. 22/23

① Mia hat drei Hosen, vier T-Shirts und zwei Kappen.

Wie viele verschiedene Kombinationen kann sie anziehen?
Löse die Aufgabe mit einem Baumdiagramm.

A: Es gibt ____ verschiedene Möglichkeiten.

② Am Kiosk gibt es diese Lollis: 

Wie viele Möglichkeiten gibt es, ein Tütchen mit zwei verschiedenfarbigen Lollis zusammenzustellen? Löse die Aufgabe mit einer Tabelle.

A: Es gibt ____ verschiedene Möglichkeiten.

Zahlenzauber 4 – Arbeitsheft © 2015 Cornelsen Schulverlage GmbH, Berlin

SB S. 24/25

1 Trage die Zahlen in die Stellenwerttafel ein.

T	H	Z	E

T	H	Z	E

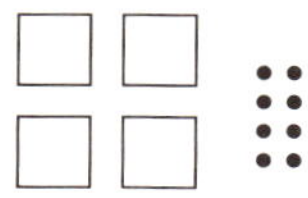

T	H	Z	E

T	H	Z	E

2 Lege im Kopf. Addiere.

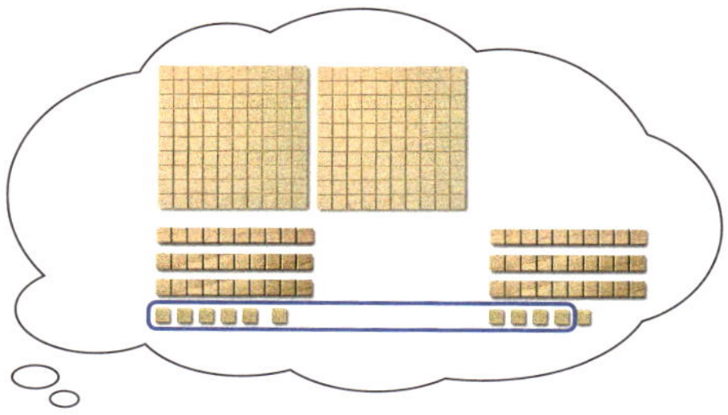

236 + 35 = 271

a)
429 + 33 = ______
684 + 16 = ______
537 + 26 = ______
128 + 45 = ______

b)
296 + 15 = ______
348 + 28 = ______
755 + 17 = ______
863 + 39 = ______

3 Lege im Kopf. Subtrahiere.

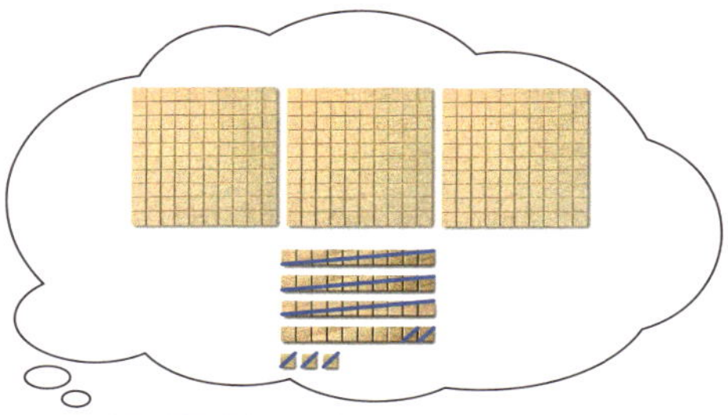

343 – 35 = 308

a)
647 – 28 = ______
594 – 37 = ______
381 – 43 = ______
176 – 29 = ______

b)
256 – 47 = ______
462 – 33 = ______
704 – 15 = ______
833 – 26 = ______

4 Wie verändern sich die Zahlen jeweils? Überlege und rechne.

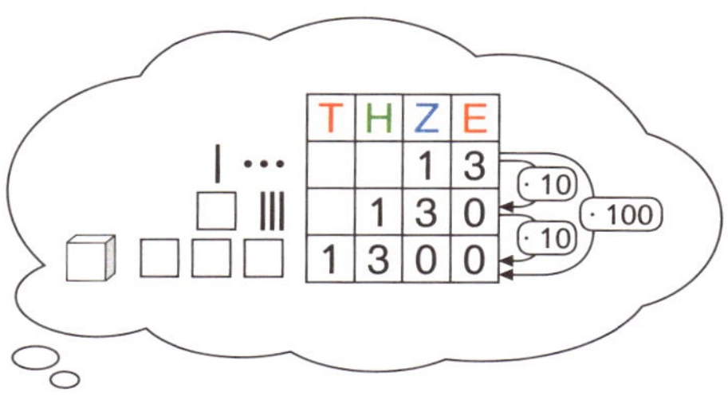

a)
27 · 10 = ______
27 · 100 = ______
270 · 10 = ______

b)
44 · 10 = ______
440 · 10 = ______
44 · 100 = ______

5 Rechne Aufgabe und Umkehraufgabe.

a)
630 : 10 = ______
______ · 10 = ______
6300 : 100 = ______
______ · 100 = ______

b)
540 : 10 = ______
______ · 10 = ______
5400 : 100 = ______
______ · 100 = ______

c)
2700 : 100 = ______
______ · 100 = ______
2700 : 10 = ______
______ · 10 = ______

Zahlenzauber 4 – Arbeitsheft © 2015 Cornelsen Schulverlage GmbH, Berlin

SB S. 24/25

1 Schreibe die passenden Zahlen auf.

T	H	Z	E
•	••••	•••	•

______

T	H	Z	E
••		•••••••	

______

T	H	Z	E
	••••••		•••

______

T	H	Z	E
•	•••••••	••••	••

______

2 Rechne.

a)
260 + 59 = ______
680 + 72 = ______
970 + 44 = ______
850 + 81 = ______

b)
639 + 68 = ______
483 + 56 = ______
725 + 76 = ______
347 + 82 = ______

c)
556 + 48 = ______
964 + 69 = ______
436 + 82 = ______
672 + 53 = ______

3 Rechne.

a)
427 – 46 = ______
639 – 54 = ______
916 – 32 = ______
571 – 87 = ______

b)
284 – 92 = ______
327 – 68 = ______
852 – 74 = ______
649 – 85 = ______

c)
529 – 238 = ______
967 – 593 = ______
433 – 156 = ______
651 – 487 = ______

4 Rechne Aufgabe und Umkehraufgabe.

a)
12 · 100 = ______
______ : 100 = ______

63 · 10 = ______
______

b)
450 : 10 = ______
______

72 · 10 = ______
______

c)
2000 : 100 = ______
______

18 · 100 = ______
______

5 Rechne auf deinem Weg.

40 · 3 = ______
200 · 6 = ______
240 : 80 = ______

Vergleicht eure Rechenwege.

Zahlenzauber 4 – Arbeitsheft © 2015 Cornelsen Schulverlage GmbH, Berlin

Halbschriftlich multiplizieren

SB S. 26/27

1 Rechne halbschriftlich auf deinem Weg. Vergleicht eure Rechenwege.

a) 6 · 48 =   5 · 73 =   34 · 8 =

b) 3 · 267 =   4 · 195 =   318 · 3 =

2 Rechentrick 1: Verdoppeln oder halbieren

a)
2 · 64 =   2 · 87 =   2 · 195 =
4 · 64 =   4 · 87 =   4 · 195 =

b)
10 · 28 =   10 · 36 =   10 · 75 =
5 · 28 =   5 · 36 =   5 · 75 =

3 Rechentrick 2: Nahe an der Zehnerzahl

6 · 49 =   4 · 69 =   39 · 8 =
6 · 50 = 300   4 · ____ =   ____ · 8 =

4 Kreise die Aufgaben, die du im Kopf rechnest, ein. Rechne sie. Löse die restlichen Aufgaben halbschriftlich. Du kannst auch auf deinem Block rechnen.

67 · 6 = ____   28 · 4 = ____   342 · 2 = ____   5 · 32 = ____

Zahlenzauber 4 – Arbeitsheft © 2015 Cornelsen Schulverlage GmbH, Berlin

Halbschriftlich dividieren ①

SB S. 28/29

① Zerlege und rechne.

12 Z kann ich durch 6 teilen.

156 : 6

60, 120, 180, …

a)

156 : 6 = ___	444 : 6 = ___	588 : 6 = ___	210 : 6 = ___
120 : 6 = ___	___	___	___
36 : 6 = ___	___	___	___

b)

245 : 5 = ___	255 : 5 = ___	185 : 5 = ___	495 : 5 = ___
___	___	___	___
___	___	___	___

② Rechne auf deinem Weg.

368 : 8 = ___ 235 : 5 = ___ 654 : 6 = ___

Vergleicht eure Rechenwege.

③ Rechne immer zuerst die einfachste Aufgabe im Kopf.
Wie löst du die anderen Aufgaben? Vergleicht eure Rechenwege.

360 : 6 = ___	427 : 7 = ___	624 : 8 = ___	900 : 9 = ___
354 : 6 = ___	434 : 7 = ___	640 : 8 = ___	954 : 9 = ___
348 : 6 = ___	420 : 7 = ___	656 : 8 = ___	972 : 9 = ___

Zahlenzauber 4 – Arbeitsheft © 2015 Cornelsen Schulverlage GmbH, Berlin

SB S. 28/29

① Dividiere halbschriftlich und überprüfe deine Ergebnisse mit der Umkehraufgabe.

448 : 7 = ____   ____ · 7 = ____

468 : 9 = ____   ____ · 9 = ____

365 : 5 = ____

664 : 8 = ____

② Dividiere. Manchmal bleibt ein Rest.

753 : 7 = ____

538 : 8 = ____

375 : 5 = ____

418 : 6 = ____

957 : 4 = ____

526 : 3 = ____

1 099 : 9 = ____

928 : 7 = ____

③ Dividieren durch Zehnerzahlen

567 : 90 = ____

540 : 90 = 6

Rest 27

342 : 50 = ____

468 : 70 = ____

279 : 40 = ____

538 : 60 = ____

621 : 80 = ____

Zahlenzauber 4 – Arbeitsheft © 2015 Cornelsen Schulverlage GmbH, Berlin

6 Schritte zur Lösung

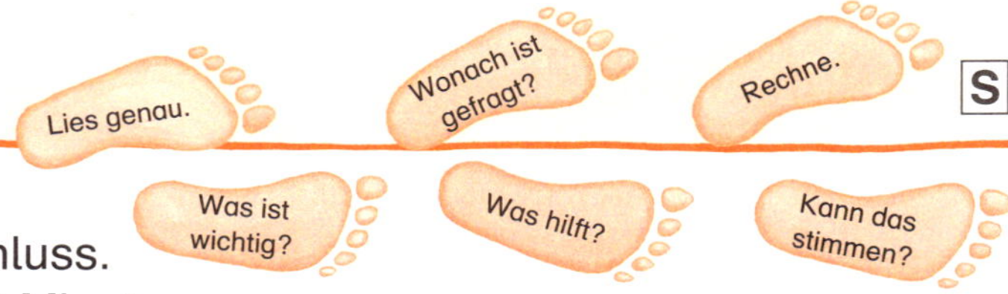

SB S. 30/31

① Leila hat um 13.15 Uhr Schulschluss.
Für den Heimweg braucht sie 20 Minuten,
für das Mittagessen eine halbe Stunde.
Ein Spaziergang mit Bello dauert 45 Minuten.
Für den Weg zum Kino plant sie 15 Minuten ein.

Wie viel Zeit bleibt Leila für die Hausaufgaben,
wenn die Vorstellung um 16 Uhr beginnt?

A: ______________________________

② Die Kinder wollen einen Rollschuhparcours aufbauen.
Vom Starthütchen bis zum Zielhütchen sind es 36 m.
Die Hütchen sollen im Abstand von 4 m stehen.

Wie viele werden benötigt?

A: ______________________________

③ Simons großer Bruder möchte ein Tablet für 250 € kaufen.
Seine Eltern zahlen die Hälfte. Er hat 80 € gespart. Von
seinem Taschengeld spart Simons Bruder jeden Monat 5 €.

Wann kann er sich das Tablet kaufen?

A: ______________________________

Zahlenzauber 4 – Arbeitsheft © 2015 Cornelsen Schulverlage GmbH, Berlin

Knifflige Aufgaben ①

SB S. 32/33

① Thomas hat 320 Sammelkarten.
Es sind dreimal so viele Fußballkarten wie Autokarten.

Wie viele Fußballkarten hat er?

A: ______________________________

② Auf dem See schwimmen Enten und Schwäne.
Zusammen sind es 85 Tiere.
Es sind 31 Schwäne weniger als Enten.

Wie viele Schwäne und Enten sind es?

Enten	Schwäne	Unter-schied
50	35	15
...	...	...

A: ______________________________

____

③ Xaver und seine Schwester haben zusammen 124 € gespart. Xaver hat 26 € mehr.

Wie viel Geld hat jeder?

A: ______________________________

Zahlenzauber 4 – Arbeitsheft © 2015 Cornelsen Schulverlage GmbH, Berlin

Knifflige Aufgaben ②

SB S. 32/33

① Sophie geht um 14.00 Uhr von Dorfen in das 3 km 750 m entfernte Hausheim. In einer Minute schafft sie 80 m. Zur gleichen Zeit geht Anna von Hausheim in Richtung Dorfen. Sie schafft in einer Minute 70 m.

Wann treffen sie sich? Zeichne und rechne.

	Sophie	Anna	zusammen
1 min	80 m	70 m	
5 min			

A: ______________________________

② Igor radelt um 10.00 Uhr von Talheim ins 45 km entfernte Bergdorf. Er fährt 18 km in der Stunde. Paul startet um dieselbe Zeit von Bergdorf nach Talheim, er fährt 12 km in der Stunde.

Wann treffen sie sich? Zeichne und rechne.

	Igor	Paul	zusammen
1 h	18 km	12 km	
30 min			

A: ______________________________

③ Ein Autobahntunnel soll 4200 m lang werden. 1800 m sind bereits fertiggestellt. Die Baufirma arbeitet von beiden Seiten gleichzeitig. Täglich werden auf der einen Seite 32 m, auf der anderen Seite 28 m fertiggestellt. Nach wie vielen Arbeitstagen ist der Tunnel fertig?

	eine Seite	andere Seite	zusammen
1 Tag	32 m	28 m	
10 Tage			

A: ______________________________

Zahlenzauber 4 – Arbeitsheft © 2015 Cornelsen Schulverlage GmbH, Berlin

Vom Einer zum Hunderttausender

(1) Was gehört zusammen? Verbinde und ergänze.

1 Zehnerstange:

10 ______

1 Hunderterplatte:

10 ______

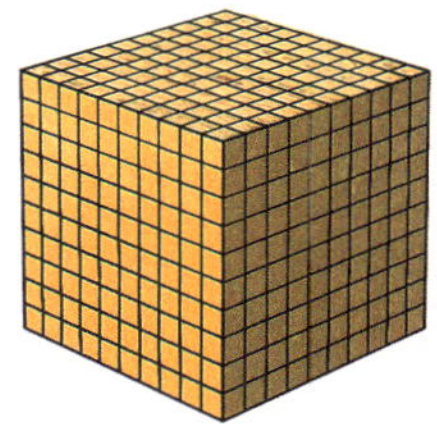

1 Tausenderwürfel:

10 ______

1 0 0 0 0

1 0

1 0 0 0 0 0

1 0 0 0

1 0 0

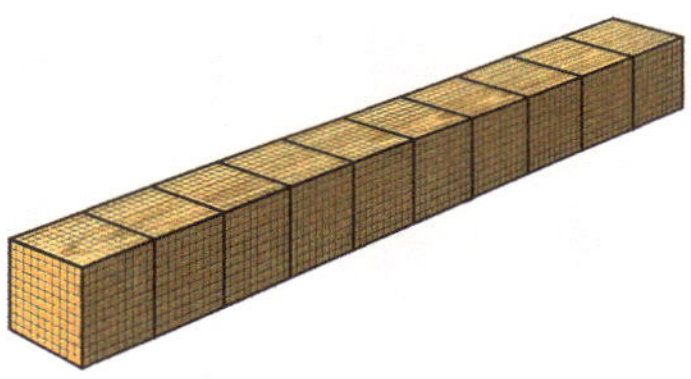

1 Zehntausenderstange:

10 ______

1 Hunderttausenderplatte:

10 ______

(2) Welche Zahlen wurden gelegt? Schreibe sie auf.

8 5 0 0 0

80 000 + 5 000 = 85 000

6 7 0 0 0

______

4 3 0 0 0

______

2 6 0 0 0

______

5 2 0 0 0

______

9 9 0 0 0

______

Zahlenzauber 4 – Arbeitsheft © 2015 Cornelsen Schulverlage GmbH, Berlin

Legen, spielen, rechnen bis 100 000

SB S. 36/37

① Zerlege.

8 355 = *8 000 + 300 + 50 + 5*

1 783 = ______

4 820 = ______

92 583 = ______

68 901 = ______

52 700 = ______

② Wie heißt die Zahl?

5 000 + 2 + 80 000 + 400 = ______

900 + 10 + 7 000 + 60 000 = ______

5 + 90 + 600 + 4 000 = ______

30 000 + 2 000 + 500 + 40 + 1 = ______

③ Schreibe Zahlen auf, die du mit diesen Karten legen kannst.

5 Zahlen habe ich schon.

| 8 | 0 | 0 | 0 |

| 6 | 0 | 0 | 0 | 0 |

| 2 |

| 5 | 0 | 0 |

| 3 | 0 |

2, 30, 32, 500, 502, ______

______

______

______

④ Eine Zahl – drei Schreibweisen: Ergänze.

	ZT	T	H	Z	E	
4 652						*4*T *6*H *5*Z *2*E
5 322						
30 718						
						4 ZT 3 T 6 H 2 Z 5 E
						9 H 8 Z 2 T
						7 E 6 T 1 H 6 ZT
						dreiundsiebzigtausendsechs
						fünfundachtzigtausend
						vierzigtausendsieben

Zahlenzauber 4 – Arbeitsheft © 2015 Cornelsen Schulverlage GmbH, Berlin

① Ergänze die fehlenden Zahlen und ordne die Kärtchen richtig zu.

a)

1 600	400	3 400	2 700	6 800	5 400	7 400

0	1 000	2 000			5 000		

b)

7 000	22 000	17 000	38 000	51 000	63 000	59 000

0	10 000	20 000			50 000		

② a) Zwischen welchen Zehntausendern liegen diese Zahlen?
Male den Zehntausender an, der näher liegt.

10 000	17 325	20 000		52 154	
	65 287			35 000	
	41 836			83 469	

b) Zwischen welchen Tausendern liegen diese Zahlen?
Male den Tausender an, der näher liegt.

3 000	3 745	4 000		89 594	
	1 205			54 407	
	7 364			36 272	

c) Nachbarzahlen

8 712	8 713	8 714		92 725	
	5 689			68 400	
	9 999			15 000	

Schreibe Nachbarzahlen in dein 📖.

Zahlenzauber 4 – Arbeitsheft © 2015 Cornelsen Schulverlage GmbH, Berlin

 SB S. 38/39

Zahlen am Zahlenstrahl bis 100 000 ②

1 Zähle in Schritten weiter.

a) 45 000, 50 000, 55 000, ________, ________, ________, 75 000

9 700, 9 800, 9 900, ________, ________, ________, 10 300

67 870, 67 900, 67 930, ________, ________, ________, 68 050

b) 78 000, 76 000, 74 000, ________, ________, ________, 66 000

83 000, 80 000, 77 000, ________, ________, ________, 65 000

45 625, 45 620, 45 615, ________, ________, ________, 45 595

★ c) 33 645, 33 650, 33 660, 33 675, ________, ________, 33 750

54 367, 54 370, 54 340, 54 343, ________, ________, 54 286

2 Vergleiche mit ⧀, ⧁, ⊜.

9 613 ◯ 9 617	84 666 ◯ 86 466	36 704 ◯ 36 407
4 808 ◯ 4 088	9 248 ◯ 2 984	77 598 ◯ 17 598
7 252 ◯ 7 252	61 782 ◯ 61 783	49 262 ◯ 49 262
2 671 ◯ 6 271	99 999 ◯ 19 999	18 236 ◯ 18 237

3 Zahlenrätsel

a) Meine Zahl ist fünfstellig und größer als 90 000. Sie hat lauter gleiche Ziffern. Wie heißt die Zahl?

____

b) Meine Zahl liegt zwischen 48 000 und 49 000. Sie hat als Ziffern 4 Vierer. Wie heißt sie?

____

c) Meine Zahl ist die kleinste sechsstellige ungerade Zahl. Schreibe sie auf.

____

d) Meine Zahl liegt genau in der Mitte zwischen 25 000 und 30 000. Wie heißt sie?

____

e) Meine Zahl ist um 30 000 kleiner als die größte fünfstellige Zahl. Wie heißt sie?

____

Zahlenzauber 4 – Arbeitsheft © 2015 Cornelsen Schulverlage GmbH, Berlin

Kopfrechnen bis 100 000: addieren und subtrahieren

SB S. 40/41

1 Rechne. Achte auf die Stellenwerte.

HT	ZT	T	H	Z	E		
	3	4	1	2	3	+ 40	= ______
	3	4	1	2	3	+ 400	= ______
	3	4	1	2	3	+ 40 000	= ______
	3	4	1	2	3	+ 4	= ______
	3	4	1	2	3	+ 4 000	= ______

HT	ZT	T	H	Z	E		
	4	5	8	6	7	– 3 000	= ______
	4	5	8	6	7	– 300	= ______
	4	5	8	6	7	– 30 000	= ______
	4	5	8	6	7	– 3	= ______
	4	5	8	6	7	– 30	= ______

2 Von leichten zu schweren Aufgaben

a) 35 000 + 40 000 = ______
35 000 + 42 000 = ______
35 700 + 42 000 = ______
35 700 + 42 100 = ______
35 760 + 42 100 = ______
35 760 + 42 130 = ______

b) 85 000 – 20 000 = ______
85 000 – 22 000 = ______
85 300 – 22 000 = ______
85 300 – 22 100 = ______
85 360 – 22 100 = ______
85 360 – 22 140 = ______

3 Ergänze.

1 000	
300	
20	
410	
760	

10 000	
3 000	
200	
4 100	
7 600	

100 000	
	40 000
	38 000
	74 000
	95 000

4 Verbinde Aufgabe und Ergebnis.

a)
- 36 000 + 15 000 — 54 000
- 38 000 + 16 000 — 52 000
- 34 000 + 18 000 — 51 000

b)
- 62 000 – 34 000 — 27 000
- 65 000 – 36 000 — 28 000
- 64 000 – 37 000 — 29 000

c)
- 78 930 + 200 — 79 110
- 78 820 + 290 — 79 020
- 78 998 + 22 — 79 130

d)
- 46 130 – 200 — 45 920
- 46 270 – 350 — 45 930
- 46 008 – 93 — 45 915

Zahlenzauber 4 – Arbeitsheft © 2015 Cornelsen Schulverlage GmbH, Berlin

Kopfrechnen bis 100 000: multiplizieren und dividieren

1 Rechne.

61 · 10 = ______
61 · 100 = ______
61 · 1 000 = ______
610 · 100 = ______

28 000 : 10 = ______
28 000 : 100 = ______
28 000 : 1 000 = ______
2 800 : 100 = ______

84 000 : 1 000 = ______
100 · 84 = ______
84 000 : 100 = ______
10 · 8 400 = ______

2 Merkaufgaben

100	1000	10 000	100 000
2 · ____	2 · ____	2 · ____	2 · ____
4 · ____	4 · ____	4 · ____	4 · ____
5 · ____	5 · ____	5 · ____	5 · ____
10 · ____	10 · ____	10 · ____	10 · ____

Schreibe die Merkaufgaben in dein 📖.

3 Aufgabenfamilien

a)

8 · 40 = ______
80 · 40 = ______
8 · 400 = ______
80 · 400 = ______
800 · 40 = ______

b)

3 · 70 = ______
30 · 7 = ______
3 · 700 = ______
300 · 7 = ______
300 · 70 = ______

c)

9 · 60 = ______
90 · 6 = ______
900 · 6 = ______
9 · 600 = ______
900 · 60 = ______

4 Beim Teilen hilft die Umkehraufgabe. Rechne.

a)

8 100 : 9 = ______
______ · 9 = 8 100

56 000 : 70 = ______
______

b)

54 000 : 600 = ______
______

3 500 : 5 = ______
______

c)

7 200 : 80 = ______
______

280 000 : 4 000 = ______
______

Zahlenzauber 4 – Arbeitsheft © 2015 Cornelsen Schulverlage GmbH, Berlin

Was ist im Säckchen?

① Welches Säckchen könnte zu welchem Versuchsergebnis passen?
Verbinde.

rot	卌	卌				
blau	卌	卌	卌	卌	II	
gelb	卌	卌	卌	III		
grün	卌	卌				

rot						
blau	卌	卌	卌	IIII		
gelb	卌	卌	IIII			
grün	卌	卌	卌	卌	卌	II

rot	卌	卌	卌	卌	卌	卌
blau	卌	卌	IIII			
gelb						
grün	卌	卌	I			

rot	卌	II				
blau	卌	卌	I			
gelb	卌	卌	IIII			
grün	卌	卌	卌	卌	卌	III

rot	卌	卌	卌	卌	I	
blau	卌	卌	卌	I		
gelb						
grün	卌	卌	卌	卌	III	

rot	卌	卌	卌	卌	卌	III
blau	卌	III				
gelb	卌	II				
grün	卌	卌	II			

② In einem Säckchen sind 5 Würfel. Elias hat 60-mal gezogen.
Welche Aussagen könnten stimmen?
Kreuze an ⓧ.

a)

rot	卌	卌				
blau	卌	卌	卌	卌	I	
gelb	卌	卌	卌	卌	卌	IIII
grün						

◯ Es ist eher wahrscheinlich, dass kein grüner Würfel im Säckchen ist.

◯ Es sind bestimmt mehr rote als blaue Würfel.

◯ Es könnten gleich viele blaue und gelbe Würfel sein.

◯ Ein unmögliches Ergebnis ist 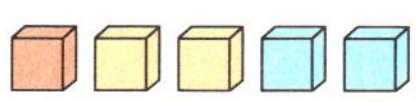.

b)

rot	IIII					
blau	卌	卌	卌	I		
gelb	卌	卌	III			
grün	卌	卌	卌	卌	卌	II

◯ Es sind sicher gleich viele blaue, gelbe und grüne Würfel im Säckchen.

◯ Es ist möglich, dass genau ein roter Würfel im Säckchen ist.

◯ Es sind sicher alle vier Farben drin.

◯ Das Ergebnis  ist eher unwahrscheinlich.

Zahlenzauber 4 – Arbeitsheft © 2015 Cornelsen Schulverlage GmbH, Berlin

1 Rechne. Die kleine Aufgabe hilft.

a)

7 · 30 = ___ 8 · 60 = ___ 40 · 4 = ___ 60 · 7 = ___ 90 · 3 = ___

7 · 3 = ___ 8 · 6 = ___ 4 · 4 = ___ 6 · 7 = ___ 9 · 3 = ___

b)

640 : 80 = ___ 450 : 90 = ___ 360 : 6 = ___ 720 : 9 = ___ 280 : 40 = ___

64 : 8 = ___ 45 : 9 = ___ 36 : 6 = ___ 72 : 9 = ___ 28 : 4 = ___

2 Rechne auf deinem Weg.

84 · 6

598 : 6

Vergleicht eure Rechenwege.

3 Eine Zahl – drei Schreibweisen

	HT	ZT	T	H	Z	E	
34502		3	4	5	0	2	3ZT 4T 5H 2E
71024							
	1	0	2	0	7	6	
		6	7	7	3	0	
							1 H 1 T 1 Z
							4 ZT 5 Z

4 Ergänze. Vergleiche jeweils die beiden Häuser. Was fällt dir auf? Tausche dich mit deinem Partner aus.

a)

1000	
400	
70	
80	
280	

10000	
4000	
700	
800	
2800	

b)

1000	
510	
990	
680	
222	

100000	
51000	
99000	
68000	
22200	

Zahlenzauber 4 – Arbeitsheft © 2015 Cornelsen Schulverlage GmbH, Berlin

SB S. 46/47

1 Rechne auf deinem Weg.

a)

43 · 7 = ______

5 · 96 = ______

283 · 6 = ______

b)

246 : 6 = ______

441 : 7 = ______

641 : 9 = ______

2 Trage die Zahlen in die Stellenwerttafel ein.

______ sechsunddreißigtausendzwei
______ dreiundfünfzigtausendfünfhundertzwölf
______ neunundneunzigtausendsiebenundsiebzig
______ sechzigtausendachthundertsechsundvierzig
______ einhunderttausenddreihundertsechs

HT	ZT	T	H	Z	E

3 Rechne mit vollen Tausendern.

a)

73 000 + 12 000 = ______
27 000 + 44 000 = ______
15 000 + 68 000 = ______
58 000 + 26 000 = ______

b)

44 000 – 17 000 = ______
98 000 – 59 000 = ______
73 000 – 28 000 = ______
61 000 – 36 000 = ______

4 a)

7 800 + 360 = ______
3 994 + 8 = ______
24 940 + 200 = ______
59 996 + 9 = ______

b)

6 300 – 520 = ______
7 006 – 7 = ______
23 280 – 400 = ______
60 037 – 50 = ______

Zahlenzauber 4 – Arbeitsheft © 2015 Cornelsen Schulverlage GmbH, Berlin

SB S. 48/49

① Zähle die Körper.

____ Würfel ____ Quader ____ Kegel

____ Zylinder ____ Kugeln ____ Pyramiden ____ Prismen

Färbe die Würfel blau, die Quader gelb, die Kegel rot, die Zylinder braun, die Kugeln grün, die Pyramiden schwarz und die Prismen lila.

② Wer sieht welches Gebäude so? Trage den richtigen Buchstaben und den Namen ein.

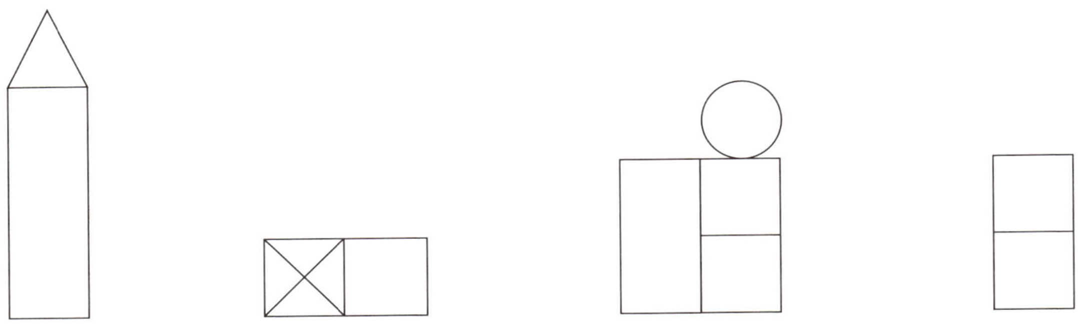

C ..... Simsala ..... __ .... __ .... __ ....

__ .... __ .... __ ....

③ Gebäude von unten: Trage den richtigen Buchstaben ein.

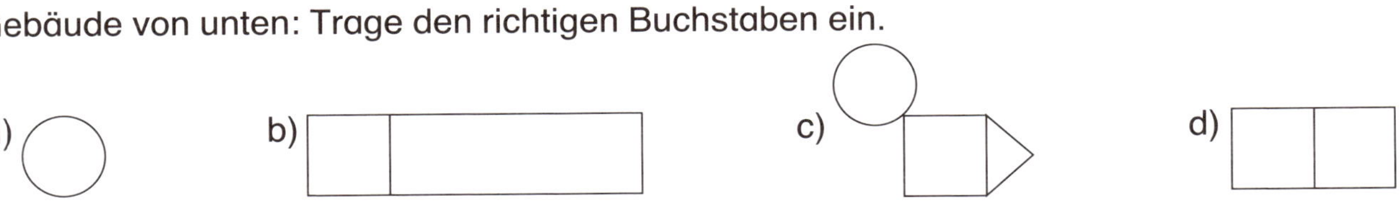

a) H b) __ c) __ d) __

Zahlenzauber 4 – Arbeitsheft © 2015 Cornelsen Schulverlage GmbH, Berlin

Der Quader

① Aus diesen Flächen kannst du zwei verschiedene Quader bauen.
Färbe die Flächen mit zwei unterschiedlichen Farben.

② Fülle die Tabelle aus.

	Anzahl der Kanten	Anzahl der Ecken	Anzahl der Flächen	Flächenformen (Quadrat, Rechteck)
Würfel				
Quader				

Was fällt dir auf? Tausche dich mit deinem Partner aus.

③ Immer 2 Teile ergeben einen Quader. Male sie mit der gleichen Farbe aus.

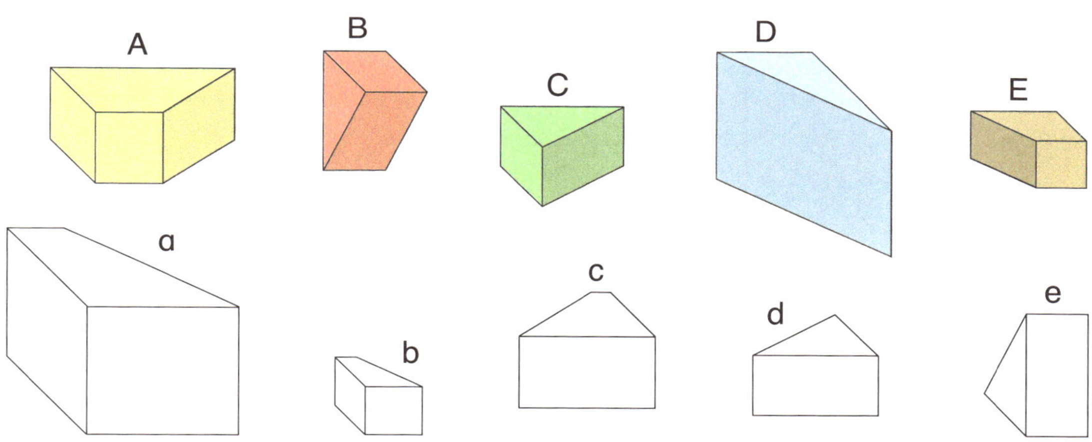

④ Wie viel Geschenkband brauchst du, um das Paket zu schmücken?
Für die Knoten und die Schleife benötigst du 80 cm Band.

A: ______________________________

Zahlenzauber 4 – Arbeitsheft © 2015 Cornelsen Schulverlage GmbH, Berlin

Würfelnetze – Quadernetze

SB S. 52/53

Der Würfel ist ein besonderer Quader.

① Färbe bei den Quadernetzen die Flächen gleich, die sich beim gefalteten Quader gegenüberliegen.

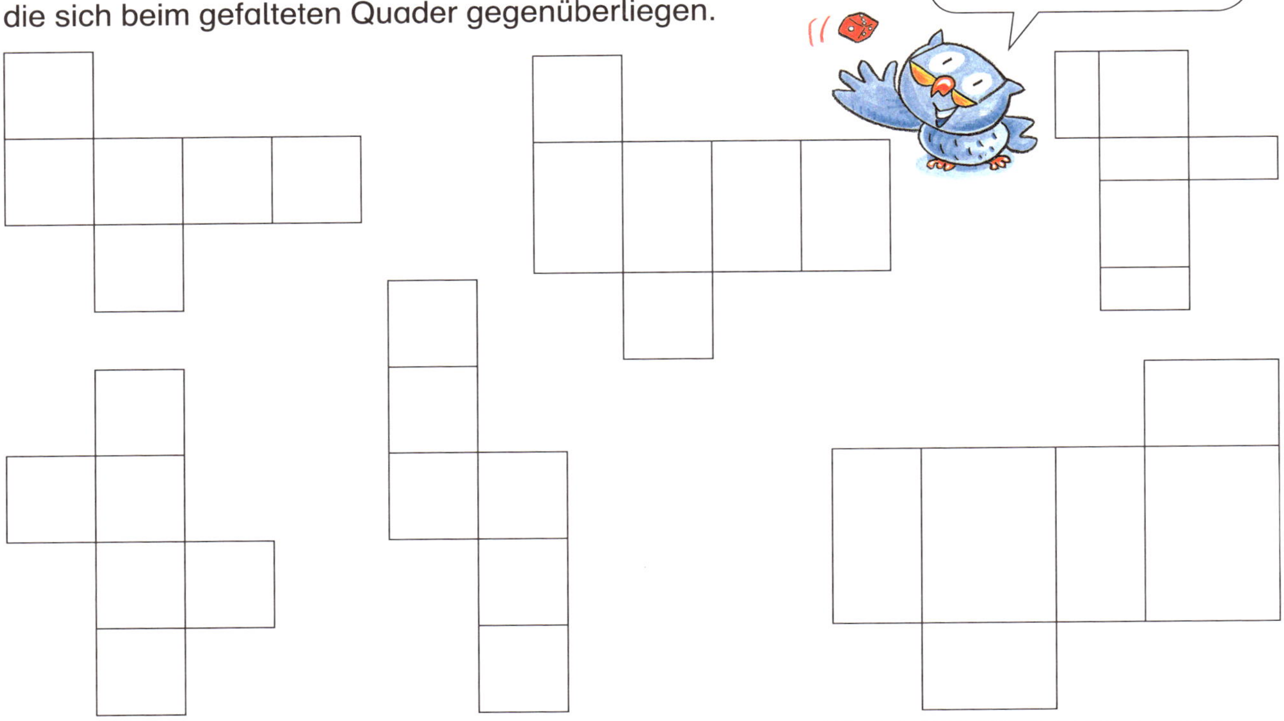

② Ergänze zu vollständigen Quadernetzen.

Du kannst die Quadernetze auch auf Karopapier nachzeichnen, ausschneiden und dann durch Falten überprüfen.

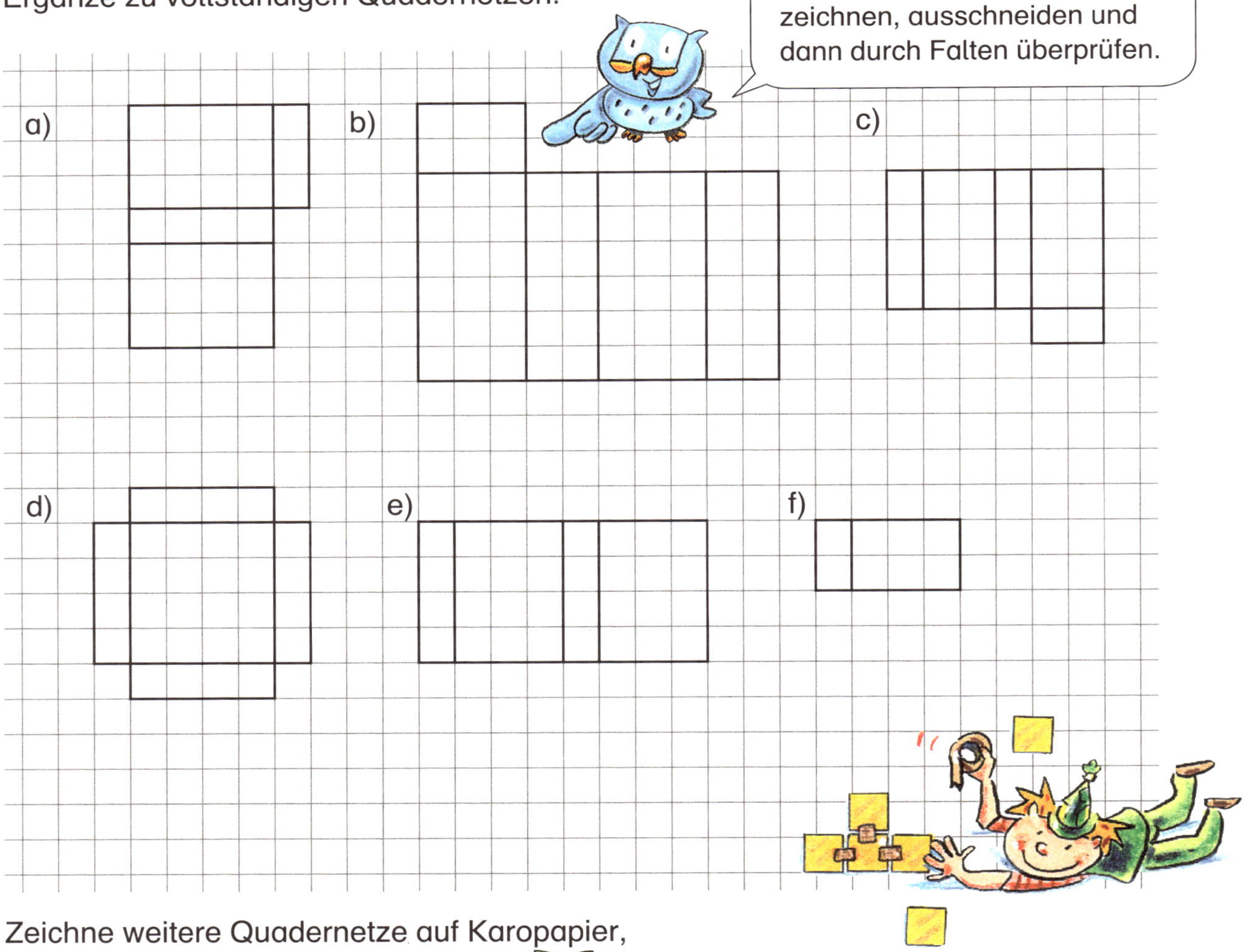

Zeichne weitere Quadernetze auf Karopapier, schneide sie aus und klebe sie in dein .

Zahlenzauber 4 – Arbeitsheft © 2015 Cornelsen Schulverlage GmbH, Berlin

SB S. 54/55

1 Trage die Zahlen – nach der Größe geordnet – in die Stellenwerttafel ein.

249 869 | 5 900 | 479 | ★ 1 838 520

127 | 3 590 | 802 797 | ★ 1 427 281 | ★ 2 709 241

M	HT	ZT	T	H	Z	E
				1	2	7

127

Schaffst du auch die ★-Aufgaben?

2 a) Kreise die Stellen ein, die zusammengehören. Verbinde mit dem passenden Zahlwort.

624 502 | 6 422 | 642 520 | 66 502 | 26 250

- sechshundertzweiundvierzigtausendfünfhundertzwanzig
- sechsundzwanzigtausendzweihundertfünfzig
- sechstausendvierhundertzweiundzwanzig
- sechsundsechzigtausendfünfhundertzwei
- sechshundertvierundzwanzigtausendfünfhundertzwei

b) Schreibe die Zahlen von a) auf. Achte auf die Leselücke.

Zahlenzauber 4 – Arbeitsheft © 2015 Cornelsen Schulverlage GmbH, Berlin

1 Kreise immer die Stellen ein, die du beim Lesen zusammenfasst. Lies die Zahlen dann vor. Schreibe sie mit Leselücken auf.

a) 34617
461789
1176663

b) 903122
3400351
30012

a) 34 617

2 Verbinde jede Sprechblase mit der passenden Zahlenkarte.

viertausend
achthunderttausend
drei Millionen
neuntausend
siebentausend
sechzigtausend
vier Millionen
zwanzigtausend
sechs Millionen
neunhunderttausend
vierhunderttausend
siebzigtausend

800000
7000
9000
3000000
4000
6000000
60000
4000000
400000
70000
20000
900000

3 Zahlwort-Würmer: Welcher Wurm frisst welchen Apfel? Verbinde.
Tipp: Unterteile die Zahlwörter so, dass du sie gut lesen kannst.

vierunddreißigtausend|zweihundertfünfunddreißig
achthundertdreißigtausendneunhundertvierundvierzig
siebentausendfünfhundertsechzig
siebzigtausend
eintausendsechshundertdreiundvierzig
vierhundertdreiundzwanzigtausendzwölf
★ drei Millionen vierhunderttausend

7560
34235
3400000
70000
830944
1643
423012

Zahlenzauber 4 – Arbeitsheft © 2015 Cornelsen Schulverlage GmbH, Berlin

SB S. 58/59

① Ergänze die fehlenden Zahlen und ordne die Kärtchen richtig zu.

90000 | 130000 | 350000 | 420000 | 290000 | 580000 | 690000

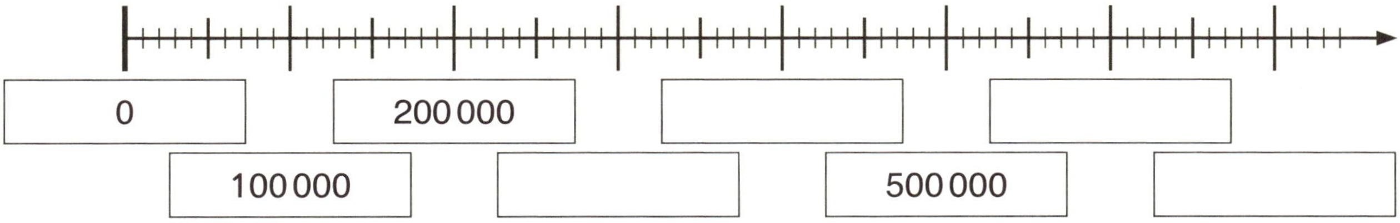

877000 | 851000 | 874000 | 891000 | 922000 | 901000

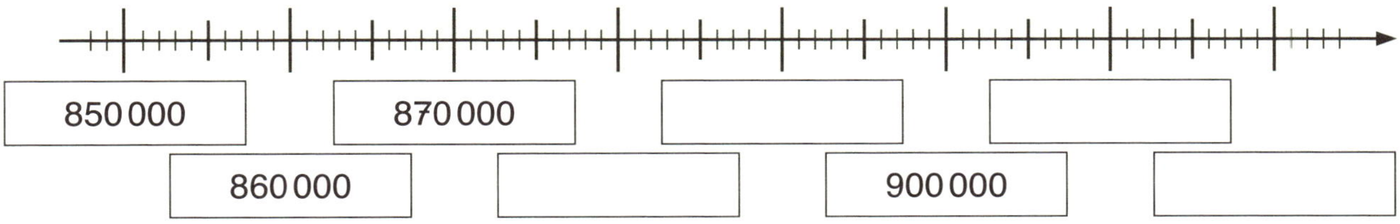

② a) Zwischen welchen Hunderttausendern liegen die Zahlen?
Male den Hunderttausender an, der näher liegt.

400 000	467831	500 000		63064	
	506340			745989	
	770651			342567	

b) Zwischen welchen Zehntausendern liegen die Zahlen?
Male den Zehntausender an, der näher liegt.

460 000	467831			63064	
	506340			745989	
	770651			342567	

c) Nachbarzahlen

599 999	600000	600 001		40000	
	200000			70000	
	900000			20000	

Schreibe Zahlen und ihre Nachbarzahlen in dein 📖.

Zahlenzauber 4 – Arbeitsheft © 2015 Cornelsen Schulverlage GmbH, Berlin

Zahlen am Zahlenstrahl bis zur Million ②

① Zähle in Schritten weiter.

a) 150 000, 200 000, 250 000, 300 000, ______, ______, 450 000

670 000, 677 000, 684 000, ______, ______, ______, 712 000

199 995, 199 997, 199 999, ______, ______, ______, 200 007

b) 80 000, 79 500, 79 000, ______, ______, ______, 77 000

540 900, 540 500, 540 100, ______, ______, ______, 538 500

265 612, 265 609, 265 606, ______, ______, ______, 265 594

★ c) 492 390, 492 391, 492 393, 492 396, ______, ______, 492 411

506 110, 506 105, 506 095, 506 090, ______, ______, 506 065

97 683, 97 693, 97 690, 97 700, ______, ______, 97 704

② Vergleiche mit <, >, =.

506 340 ◯ 560 340	65 340 ◯ 560 430	506 034 ◯ 506 034
234 567 ◯ 243 567	642 576 ◯ 534 257	889 888 ◯ 888 988
673 957 ◯ 391 004	78 462 ◯ 673 856	672 890 ◯ 672 890

③ Zahlenrätsel

a) Meine Zahl liegt genau in der Mitte zwischen 200 000 und 230 000. Welche Zahl ist es?

______

b) Meine Zahl hat dreimal die Ziffer 7 und dreimal die 5. Sie ist die größte Zahl, die man mit diesen Ziffern bilden kann. Wie heißt die Zahl?

______

c) Bilde die kleinste Zahl aus den Ziffern 0, 1, 2, 3, 4, 5, die zwischen 500 000 und 600 000 liegt.

______

d) Meine Zahl ist sechsstellig. Sie ist kleiner als 500 000, aber größer als 400 000. Sie hat lauter gleiche Ziffern. Wie heißt meine Zahl?

______

Schreibe Zahlenrätsel in dein 📖.

Zahlenzauber 4 – Arbeitsheft © 2015 Cornelsen Schulverlage GmbH, Berlin

Kopfrechnen bis 1 000 000: addieren und subtrahieren

① Rechne. Achte auf die Stellenwerte.

a)

HT	ZT	T	H	Z	E		
4	2	1	3	4	4	+ 50 000	= ______
4	2	1	3	4	4	+ 50	= ______
4	2	1	3	4	4	+ 500 000	= ______
4	2	1	3	4	4	+ 5 000	= ______

b)

HT	ZT	T	H	Z	E		
7	6	8	9	5	7	– 40 000	= ______
7	6	8	9	5	7	– 4	= ______
7	6	8	9	5	7	– 400	= ______
7	6	8	9	5	7	– 400 000	= ______

② Von leichten zu schweren Aufgaben

a) 240 000 + 520 000 = ______

245 000 + 520 000 = ______

245 000 + 524 000 = ______

245 300 + 524 000 = ______

245 300 + 524 600 = ______

b) 870 000 – 350 000 = ______

874 000 – 350 000 = ______

874 000 – 353 000 = ______

874 400 – 353 000 = ______

874 400 – 353 200 = ______

③ Ergänze.

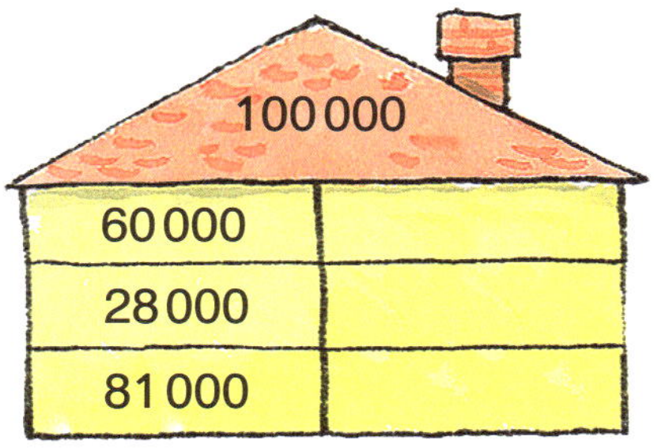

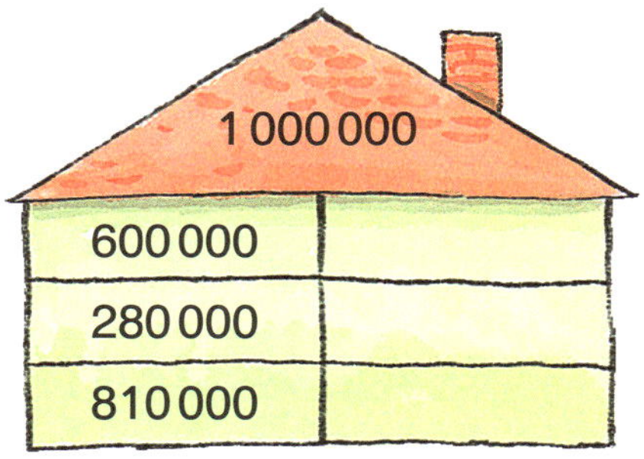

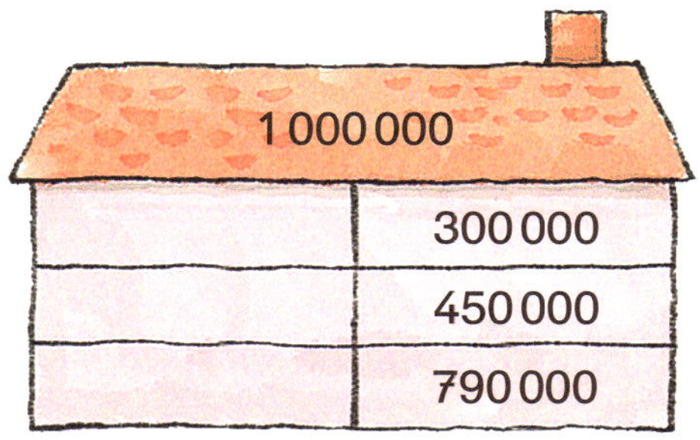

④ Schriftlich oder im Kopf?

554 399 + 396 012 = ______

250 000 + 270 000 = ______

276 501 + 384 807 = ______

587 000 + 20 000 = ______

438 793 – 286 925 = ______

710 000 – 460 000 = ______

980 600 – 10 500 = ______

736 290 – 399 017 = ______

Rechne hier oder auf deinem Block.

Zahlenzauber 4 – Arbeitsheft © 2015 Cornelsen Schulverlage GmbH, Berlin

1. Netze knüpfen: Notiere Aufgaben.

7 200 : 90 = ___

72 : 9 = 8

9 · 8 = 72

90 · 80 = ___

___ : ___ = ___

___ · ___ = ___

9 8 72

56 ___ 8

___ : ___ = ___

___ : ___ = ___

___ · ___ = ___

___ · ___ = ___

2. Denke an die kleine Aufgabe. Rechne.

800 · 400 = ___	70 · 600 = ___	3 000 · 90 = ___
80 · 40 = ___	7 · 60 000 = ___	30 · 9 000 = ___

3. Finde zu den folgenden Ergebnissen passende Multiplikationsaufgaben.

600 · 400 = 240 000	___ = 3 600	___ = 72 000
___ = 240 000	___ = 3 600	___ = 72 000
___ = 240 000	___ = 3 600	___ = 72 000

4. Im Kopf oder halbschriftlich? Rechne.

220 000 · 4 = ___

97 720 : 70 = ___

540 060 : 60 = ___

Zahlenzauber 4 – Arbeitsheft © 2015 Cornelsen Schulverlage GmbH, Berlin

Milliliter und Liter

① Ergänze die Tabelle.

Messbecher	500 ml	100 ml	750 ml	200 ml	250 ml
1 l	1	1	0	2	0
1 l			1		
1 l				1	2
1 l		3	0		0
1 l				3	
1 l	0	5			

② Ergänze auf 1 Liter.

1 l

500 ml	
	750 ml
225 ml	
	150 ml

1 l

800 ml	
	350 ml
125 ml	
	50 ml

1 l

25 ml	
	30 ml
175 ml	
	45 ml

③ Ergänzt auf 1 Liter. Es gibt mehrere Lösungen. Überprüft durch Messen.

④ a) Familie Mader besitzt einen Wassersprudelautomaten und 4 Flaschen. Jede Flasche fasst genau 1 Liter. Für wie viele Trinkgläser (je 250 ml) reicht das Wasser, wenn alle 4 Flaschen gefüllt sind?

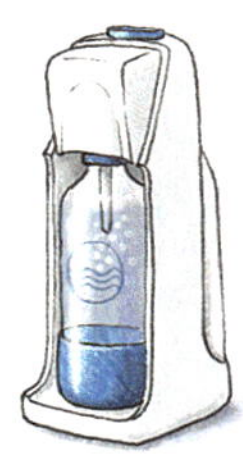

A: ______________________________

____

____

b) Julian behauptet: „In einer Woche trinken wir 100 Liter.“ Kann das stimmen? Diskutiert.

Zahlenzauber 4 – Arbeitsheft © 2015 Cornelsen Schulverlage GmbH, Berlin

Flüssigkeiten schätzen und messen

SB S. 66/67

(1) Zeichne ein: 1 l, $\frac{1}{2}$ l, $\frac{1}{4}$ l, $\frac{1}{8}$ l. Rechne in Milliliter um.

1 l = ______ ml $\frac{1}{2}$ l = ______ ml $\frac{1}{4}$ l = ______ ml $\frac{1}{8}$ l = ______ ml

(2) Wie viel fehlt zum Liter? Ergänze. Überprüfe durch Nachrechnen.

$\frac{1}{2}$ l + __ = 1 l

$\frac{1}{4}$ l + $\frac{1}{4}$ l + __ = 1 l

$\frac{1}{4}$ l + $\frac{1}{4}$ l + $\frac{1}{4}$ l + __ = 1 l

$\frac{1}{2}$ l + $\frac{1}{4}$ l + __ = 1 l

(3) Verbinde die Bilder mit den Angaben. Ergänze die fehlenden Angaben.

1 l	$\frac{1}{4}$ l	$\frac{1}{2}$ l	$\frac{3}{4}$ l
1000 ml	______ ml	______ ml	______ ml

(4) Vergleiche mit (<), (>), (=).

Aufgabe (3) kann dir helfen.

a) $\frac{1}{4}$ l ◯ 300 ml
750 ml ◯ 75 l
$\frac{1}{4}$ l ◯ 250 ml

b) 1 500 ml ◯ $1\frac{1}{2}$ l
$\frac{1}{2}$ l ◯ 150 ml
$\frac{1}{4}$ l ◯ 200 ml

c) 250 ml ◯ $\frac{1}{2}$ l
$\frac{1}{4}$ l ◯ 225 ml
750 ml ◯ $\frac{3}{4}$ l

★ (5) Stell dir vor, du müsstest eine Badewanne (200 l) mithilfe von $\frac{1}{4}$-l-Trinkgläsern füllen. Das Befüllen jedes Glases dauert 15 s. Wie viel Zeit brauchst du insgesamt?

A: ______________________________

Zahlenzauber 4 – Arbeitsheft © 2015 Cornelsen Schulvorlage GmbH, Berlin

Wasser ist kostbar

SB S. 68/69

① Eine Person verbraucht im Durchschnitt pro Tag 116 l Wasser.

Wie hoch ist der Wasserverbrauch einer 5-köpfigen Familie an einem Tag (in einer Woche)?

A: An einem Tag ______________________________

In einer Woche ______________________________

② Ein Toiletten-Spülgang verbraucht 7 l Wasser, für einmal Händewaschen rechnet man 2 l Wasser.

Wie viel Wasser verbraucht eine 5-köpfige Familie täglich (wöchentlich) auf der Toilette, wenn jede Person diese 5-mal pro Tag benutzt?

A: Täglich verbraucht ______________________________

Wöchentlich verbraucht ______________________________

★ ③ Julian und seine Eltern baden einmal pro Woche. Die Erwachsenen benötigen dafür jeweils 150 l Wasser, für Julian reichen 100 l. An den anderen Tagen duschen sie. Dabei verbraucht Julian 60 l Wasser, seine Eltern je 90 l pro Tag.

Wie viel Wasser verbraucht die Familie für Baden und Duschen pro Woche?

A: ______________________________

Zahlenzauber 4 – Arbeitsheft © 2015 Cornelsen Schulverlage GmbH, Berlin

SB S. 70/71

1 Eine Zahl – drei Schreibweisen

	Zahl	M	HT	ZT	T	H	Z	E	Stellenwerte
			3	8	1	0	3	4	
	304 621								
									8 HT 4 ZT 3 T 4 H 1 E
									5 HT 8 T 8 H 3 Z
★	1 403 026								
★		1	2	3	0	4	3	8	

2 Ergänze.

100 000	
61 000	
	89 000
47 000	
	92 000
38 000	

1 000 000	
610 000	
	890 000
470 000	
	920 000
380 000	

3 Rechne mit vollen Zehntausendern.

a)

170 000 + 490 000 = ______

350 000 + 580 000 = ______

660 000 + 340 000 = ______

580 000 + 290 000 = ______

b)

640 000 – 180 000 = ______

810 000 – 590 000 = ______

760 000 – 270 000 = ______

920 000 – 750 000 = ______

4 Rechne. Die kleine Aufgabe hilft.

a)

6 000 · 20 = ______	50 000 · 7 = ______	9 000 · 40 = ______
6 · 2 = ______	5 · 7 = ______	9 · 4 = ______
600 · 20 = ______	5 000 · 70 = ______	90 · 40 = ______

b)

4 800 : 6 = ______	360 000 : 9 = ______	54 000 : 6 = ______
48 : 6 = ______	36 : 9 = ______	54 : 6 = ______
48 000 : 6 = ______	3 600 : 9 = ______	540 000 : 6 = ______

Zahlenzauber 4 – Arbeitsheft © 2015 Cornelsen Schulverlage GmbH, Berlin

SB S. 70/71

1 Trage die Zahlen in die Stellenwerttafel ein.

	M	HT	ZT	T	H	Z	E
dreihundertachtzehntausendsechs							
vierundsiebzigtausendzweihundertelf							
neunhundertfünfzigtausenddreihundert							
★ eine Million achtundsiebzigtausend							
★ eine Million eintausendeins							

2 Ergänze.

1 000 000	
230 000	
560 000	
70 000	

1 000 000	
	920 000
	380 000
	60 000

1 000 000	
590 000	
	130 000
655 000	

3 Rechne.

a)

26 700 + 340 = ______

64 399 + 7 = ______

386 400 + 5 000 = ______

799 996 + 8 = ______

b)

67 800 – 940 = ______

31 004 – 5 = ______

875 700 – 6 000 = ______

400 002 – 300 = ______

4 Multipliziere und dividiere im Kopf. Finde weitere Aufgaben.

40 000 · 3 = ______

400 · 300 = ______

4 · 30 = ______

560 000 : 70 = ______

5 600 : 700 = ______

56 : 7 = ______

Schreibe solche Aufgaben in dein 📖.

Zahlenzauber 4 – Arbeitsheft © 2015 Cornelsen Schulverlage GmbH, Berlin

SB S. 72/73

① Rechne schriftlich.

5 2 7 · 8 | 6 7 3 · 4 | 5 8 9 · 2 | 7 6 1 · 7 | 4 9 2 6 · 5

② Überschlage und ordne die Aufgaben ein. Begründe. Rechne dann nach.

a) 573 · 6 b) 724 · 4 c) 394 · 8 d) 693 · 3 e) 476 · 9 f) 617 · 7

Ergebnis kleiner als 3000	Ergebnis zwischen 3000 und 4000	Ergebnis größer als 4000

a) 5 7 3 · 6
b)
c)
d)
e)
f)

③ Vorsicht, Nullen! Überschlage und rechne.

Ü: 400 · 8 =

4 0 3 · 8

Ü:

3 6 5 · 6

Ü:

2 6 1 0 · 9

④ Zwei Ergebnisse sind falsch. Streiche die falschen Ergebnisse durch und rechne richtig.

a) 9 4 0 5 · 3 = 2 8 2 1 5
b) 6 0 4 0 · 5 = 3 0 0 0 0
c) 5 0 7 6 · 6 = 3 0 4 5 6
d) 8 0 0 4 · 9 = 7 2 3 6

Zahlenzauber 4 – Arbeitsheft © 2015 Cornelsen Schulverlage GmbH, Berlin

Der Null auf der Spur

① Rechne schriftlich.

117 · 50 | 486 · 200 | 1584 · 400 | 3003 · 30

103 · 90 | 807 · 600 | 2172 · 300 | 5718 · 70

② Achte auf die Nullen! Rechne.

a) 806 · 400 | 767 · 200 | 707 · 600

b) 509 · 700 | 362 · 500 | 403 · 900

Ergebniskontrolle:

③ Überschlage zuerst. Rechne dann.

Ü: 4 000 · 50 = | Ü: | Ü:

3904 · 50 | 7050 · 600 | 12105 · 70

④ Ergänze fehlende Ziffern.

□543 · 7 = 45□□□

□847 · 6 = 35□□2

□71□ · 3 = 11□42

□812 · 9 = 883□8

Zahlenzauber 4 – Arbeitsheft © 2015 Cornelsen Schulverlage GmbH, Berlin

Schriftlich multiplizieren mit großen Zahlen

SB S. 76/77

1 Rechne schriftlich.

33 · 17

69 · 24

526 · 81

369 · 74

2 a) Wo stecken die Fehler? Erkläre. Verbinde mit dem passenden Tipp.

418 · 76	372 · 15	921 · 32	754 · 98
29260	3720	2763	63560
+ 2502	+ 1860	+ 1842	+ 5602
1		1 1	1
31762	4580	4605	69162

Einmaleins üben

auf Gemerktzahlen achten

Auf die Stellen achten

b) Rechne richtig.

3 Welche Zahlen fehlen? Ergänze sie. Erkläre, wie du vorgehst.

Hier wurde immer zuerst mit dem Zehner multipliziert.

□21 · 36	□4□ · 27	6□4 · 99	□43 · 65
156□□	18960	□□360	44580
+ □□26	+ □□□□	+ 543□	+ □715
□□□□□	□□□□□	□□□□□	□□□□□

4 Im Kopf oder schriftlich?

370 · 96 = ______

2100 · 30 = ______

6418 · 19 = ______

Zahlenzauber 4 – Arbeitsheft © 2015 Cornelsen Schulverlage GmbH, Berlin

Viele, viele Malaufgaben

SB S. 78/79

(1) Rechne nur die Aufgaben, deren Ergebnis zwischen 4000 und 5000 liegt.

59 · 74 | 22 · 24 | 45 · 95 | 63 · 78 | 86 · 44

(2) Wie heißt das Lösungswort? Rechne und trage die Lösungsbuchstaben ein:
☐☐☐☐R!

705 · 26 | 327 · 89 | 801 · 73 | 628 · 44

17763	18330	24700	27632	29103	36704	43721	58473
B	S	R	E	U	Z	A	P

(3) Schöne Ergebnisse

481 · 21 | 962 · 42 | 555 · 91 | 1554 · 39

(4) Setze die Aufgabenreihe fort. Vermute zuerst, wie das Ergebnis lautet.
Überprüfe durch Rechnen.

a) 90 · 90 | 89 · 91 | 88 · 92 |

b) 70 · 70 | 71 · 69 | 72 · 68 |

Zahlenzauber 4 – Arbeitsheft © 2015 Cornelsen Schulverlage GmbH, Berlin

Beim Einkaufen – Rechnen mit Kommazahlen ①

SB S. 80/81

① Frau Huber kauft ein. Wie viel muss sie bezahlen?

Einkauf	Einzelpreis	Menge	Gesamtpreis
2 Ananas	2,99 €	2	
5 Kiwis			
Trauben			
3 Salate			
		Summe:	

A: ______________________

② Melanie und Petra kaufen 1 kg Mandarinen und 4 Kiwis.
Sie bezahlen mit einem 5-Euro-Schein. Wie viel Geld bleibt übrig?

A: ______________________

③ Berechne jeweils den günstigsten Preis.

5 Semmeln	35 ct · 5 =
20 Semmeln	
7 Krapfen	
11 Krapfen	
3 Kirschtörtchen	
4 Kirschtörtchen	

Zahlenzauber 4 – Arbeitsheft © 2015 Cornelsen Schulverlage GmbH, Berlin

Beim Einkaufen – Rechnen mit Kommazahlen ②

① Die vierten Klassen der Erich-Kästner-Schule kaufen für das Klassenfest ein:

Einkauf	Einzelpreis	Gesamtpreis
3 Becher Quark		
50 Brezen	0,55 €	
2 kg Weintrauben		
3 kg Bananen		
2 Päckchen Butter		
	Summe:	

Rechne hier
oder auf deinem Block.

② 50 Butterbrezen, 22 Obstspieße und 25 Becher Früchtequark werden verkauft.

a) Wie viel wurde eingenommen?

Zusammen:

Brezen	€
Spieße	€
Quark	€
Summe	€

b) Wie viel Geld bleibt am Ende für die Klassenkassen übrig?

Einnahme:	€
Ausgabe:	€
Gewinn für die Klassenkassen:	€

Zahlenzauber 4 – Arbeitsheft © 2015 Cornelsen Schulverlage GmbH, Berlin

Kunst mit Zirkel und Geodreieck

SB S. 82/83

(1) Zeichne um jeden Punkt einen Kreis mit 1,2 cm Radius.
Male das fertige Bild aus.

(2) Zeichne zu jeder Linie 2 Linien, die darauf senkrecht stehen (grün) und 2 parallele Linien (blau). Markiere die rechten Winkel.

⦜ ist das Zeichen für „Rechter Winkel".

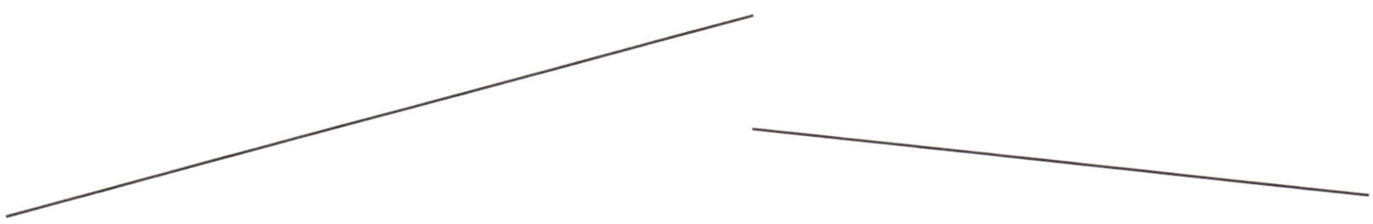

(3) Ergänze die Linien zu Quadraten. Male die Flächen farbig aus.

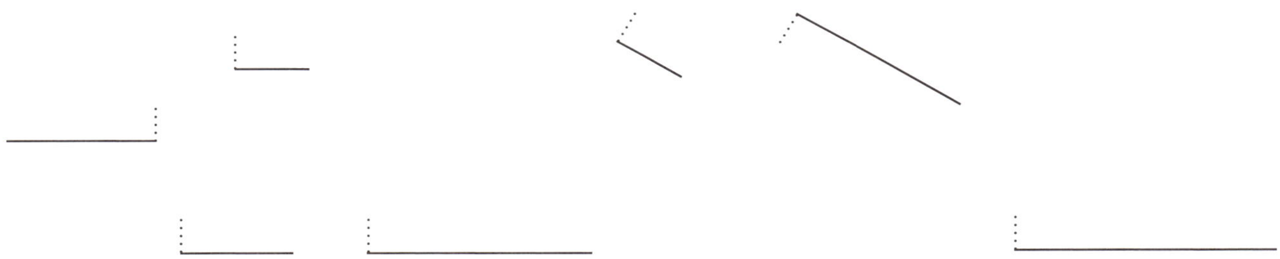

★ (4) Zeichne Quadrate mit 4 cm Seitenlänge. Zeichne dann die Punkte und die Kreise ein. Male die Figuren farbig an.

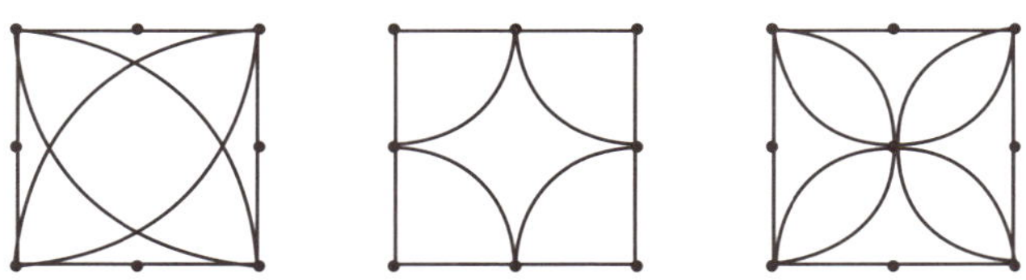

Zeichne solche Figuren in dein 📖.

Zahlenzauber 4 – Arbeitsheft © 2015 Cornelsen Schulverlage GmbH, Berlin

Tierisch schwer

SB S. 84/85

(1) Tierbabys sind bei ihrer Geburt unterschiedlich schwer.
Erstaunlich, wie schwer sie als ausgewachsene Tiere sind.

	Tierbaby	ausgewachsenes Tier
Pandabär	100 g	60 kg
Elefant	100 kg	6000 kg
Känguru	1 g	70 kg
Giraffe	60 kg	1200 kg
Blauwal	3000 kg	150000 kg
Tiger	1 kg	300 kg

a) Ordne die Tiere nach ihrem Geburtsgewicht.

Känguru, ______________________________

b) Wie verändert sich die Reihenfolge, wenn die Tiere ausgewachsen sind? Ordne.

____

c) Welche Tiere wiegen ausgewachsen mehr als 500 kg?

__________, __________, __________

d) Welche ausgewachsenen Tiere sind leichter als ein erwachsener Mensch (ca. 80 kg)?

__________, __________

(2) Welche Aussagen stimmen für die ausgewachsenen Tiere? Kreuze sie an ☒.

- ☐ Ein Tiger ist schwerer als eine Giraffe.
- ☐ 20 Pandabären sind etwa genauso schwer wie eine Giraffe.
- ☐ Ein Blauwal ist etwa 25-mal schwerer als ein Elefant.
- ☐ Ein Känguru ist leichter als ein Pandabär.
- ☐ 2 Pandas und 2 Kängurus sind leichter als ein Tiger.
- ☐ Der Blauwal ist schwerer als alle anderen Tiere zusammen.

Braucht ihr hier ein genaues Ergebnis?

(3) Berechnet den Nahrungsmittelverbrauch eines Zoo-Elefanten in 2 Tagen, in 10 Tagen und in 30 Tagen. Ergänze die Tabelle.

	Heu	Mehl	Brot	Obst/Gemüse	Salz	Laub/Blätter
1 Tag	45 kg	3 kg	2 kg	12 kg	250 g	50 kg
1 Woche						
1 Monat						
1 Jahr						

Zahlenzauber 4 – Arbeitsheft © 2015 Cornelsen Schulverlage GmbH, Berlin

SB S. 86/87

① Stefan unterhält sich mit einer Bäuerin. Diese erzählt ihm: „Auf dem Bauernhof haben wir 91 Schweine und Hühner. Es sind 25 Hühner weniger als Schweine. Jetzt kannst du ausrechnen, wie viele Tiere es jeweils gibt.“

Schweine	Hühner	Unterschied
60	31	29
...	...	...

A: ______________________________

② Entlang eines Weges sollen auf beiden Seiten Bäume gepflanzt werden. Sie sollen im Abstand von 50 m stehen. Die Strecke zwischen dem ersten und dem letzten Baum ist 300 m lang. Wie viele Bäume werden benötigt?

A: ______________________________

★ ③ Die Entfernung zwischen Destadt und Eburg beträgt 120 km. Von Destadt nach Eburg braucht ein ICE 40 min und in die umgekehrte Richtung eine Regionalbahn 60 min. Beide Züge fahren zur gleichen Zeit los.

a) Welchen Weg legt jeder Zug in einer Minute zurück?
b) Wie viele Minuten nach Abfahrt begegnen sich die Züge?
c) In welcher Entfernung von Destadt treffen sie sich?

Rechne hier oder auf deinem Block.

A: ______________________________

____

____

____

Zahlenzauber 4 – Arbeitsheft © 2015 Cornelsen Schulverlage GmbH, Berlin

Kreta

Flug pro Person:	80 € je Hin- und Rückflug pro Person
Hotel mit Vollpension:	43 € pro Erwachsenem und Nacht
	30 € pro Kind und Nacht
	Kinder bis 4 Jahre übernachten kostenlos.

① Josua (8), Noah (5) und Lea (3) werden mit ihren Eltern auf Kreta Urlaub machen. Der Reisepreis für die ganze Familie für 10 Tage beträgt 980 €. Kann das stimmen?

Ist es hier wichtig, den genauen Reisepreis auszurechnen?

A: ______________________

____

② Im Flugzeug befinden sich 450 Personen. Es sind 4-mal so viele Erwachsene wie Kinder. Wie viele Kinder und Erwachsene sind es?

Tipp: Das 4-fache und das 1-fache zusammen sind 5 Teile.

A: ______________________

③ Die Kinder wollen für den Urlaub noch einen Rucksack kaufen. Papa schlägt vor: „Ich zahle die Hälfte, ihr Kinder zahlt die andere Hälfte.“ Lea ist die Kleinste. Sie bezahlt einen Anteil. Noah zahlt doppelt so viel wie Lea und Josua doppelt so viel wie Noah. Wie viel muss jeder bezahlen, wenn der Rucksack 70 € kostet?

A: ______________________

Zahlenzauber 4 – Arbeitsheft © 2015 Cornelsen Schulverlage GmbH, Berlin

Schriftlich dividieren ①

SB S. 88/89

① Rechne schriftlich.

7524 : 6 =

952 : 8 =

835 : 5 =

771 : 3 =

6532 : 4 =

9982 : 7 =

② Erkläre deinem Partner, wie du schriftlich dividierst.

③ Wie viele Stellen hat das Ergebnis? Setze vor dem Rechnen Bögen und Punkte. Begründe.

7728 : 8 = . . .

7122 : 6 =

2148 : 4 =

3175 : 5 =

8658 : 3 =

3465 : 7 =

Zahlenzauber 4 – Arbeitsheft © 2015 Cornelsen Schulverlage GmbH, Berlin

SB S. 88/89

① So vergisst du keine Stelle: Ziehe Pfeile.

385866 : 9 = 4
− 36 ↓
  2

524736 : 6 =

31784 : 4 =

7896 : 7 =

② Überprüfe dein Ergebnis mit dem Überschlag.

5872 : 8 =

Ü: ______

7617 : 3 =

Ü: ______

38435 : 5 =

Ü: ______

45858 : 6 =

Ü: ______

Zahlenzauber 4 – Arbeitsheft © 2015 Cornelsen Schulverlage GmbH, Berlin

Schriftlich dividieren – Vorsicht Nullen!

SB S. 90/91

(1) Immer zwei Aufgaben haben das gleiche Ergebnis. Umrahme mit der gleichen Farbe.

14456 : 8 =

4515 : 5 =

570 : 3 =

10842 : 6 =

1140 : 6 =

6321 : 7 =

(2) Vorsicht Fehler! Erkläre, wo der Fehler steckt. Rechne die Aufgaben richtig. Verbinde mit dem richtigen Tipp.

```
 1464 : 4 = 36
-12
  24
 -24
   0
```

```
 4932 : 6 = 8112
-48
  13
  -6
   7
  -6
   12
  -12
    0
```

```
 7005 : 5 = 1411
-5
 20
-20
  005
   -5
   05
```

immer nur eine Stelle herunterholen

Pfeile ziehen

Der Rest muss kleiner als der Teiler sein.

Zahlenzauber 4 – Arbeitsheft © 2015 Cornelsen Schulverlage GmbH, Berlin

Dividieren – schriftlich und auch im Kopf

1 Dividiere schriftlich und kontrolliere.

3 6 5 7 9 : 6 =

□□□□ · 6

1 2 8 9 3 : 3 =

2 Dividiere. Kannst du jeweils die zweite Aufgabe lösen, ohne schriftlich zu rechnen?

7 3 4 8 7 : 7 =

4 9 3 0 6 : 8 =

73 486 : 7 = ______

49 304 : 8 = ______

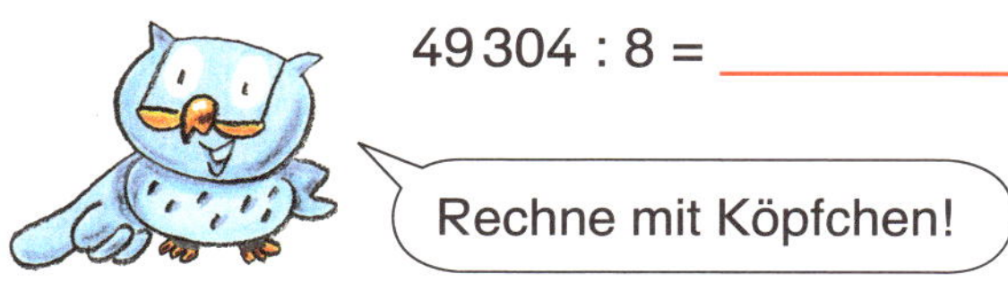

3 Schriftlich oder im Kopf?
Entscheide selbst und rechne. Du kannst auch auf deinem Block rechnen.

4 865 : 5 = ______	80 400 : 8 = ______	3 824 : 4 = ______
777 777 : 7 = ______	6 732 : 9 = ______	30 060 : 6 = ______

Zahlenzauber 4 – Arbeitsheft © 2015 Cornelsen Schulverlage GmbH, Berlin

SB S. 94/95

1 a) Male an: ohne Rest Rest 1 Rest 2 Rest 3.

893 411 : 4

3424 : 4

71 417 : 4

29 028 : 4

56 322 : 4

79 007 : 4

944 : 4

12 850 : 4

3437 : 4

Eine Zahl ist durch 4 teilbar, wenn die letzten beiden Stellen …

b) Löse die Aufgaben, die ohne Rest durch 4 teilbar sind.

2 Rechne nur Aufgaben, bei denen kein Rest entsteht.

7620 : 3	84 028 : 3	973 421 : 3
13 694 : 3	13 521 : 3	522 : 3

Eine Zahl ist durch 3 teilbar, wenn die Quersumme …

3 Verändere die Zahlen an der Einerstelle so, dass sie durch 9 teilbar sind. Rechne.

1856 24 047 831

Schreibe weitere Aufgaben zu den Teilbarkeitsregeln in dein Heft.

Zahlenzauber 4 – Arbeitsheft © 2015 Cornelsen Schulverlage GmbH, Berlin

SB S. 96/97

1 Verbinde Aufgabe und Ergebnis.

a)

6 · 9	~~72000~~ 54
6 · 90	~~72~~ 54
6 · 9000	~~7200~~ 54
6 · 900	~~720~~ 54

b)

7 · 400	28
7 · 4000	280
7 · 40	2800
7 · 4	28000

c)

8 · 30	24000
8 · 3000	240
8 · 3	2400
8 · 300	24

2 Multipliziere schriftlich.

583 · 7　　328 · 6　　581 · 6　　817 · 9　　661 · 5

730 · 8　　409 · 6　　208 · 9　　840 · 8　　604 · 7

3 Verbinde Aufgabe und Ergebnis.

a)

720 : 8	9
7200 : 8	900
72 : 8	9000
72000 : 8	90

b)

6300 : 9	7000
63 : 9	70
63000 : 9	700
630 : 9	7

c)

27000 : 3	90
270 : 3	900
2700 : 3	9
27 : 3	9000

4 Dividiere schriftlich.

896 : 9 =　　　　7522 : 6 =

Zahlenzauber 4 – Arbeitsheft © 2015 Cornelsen Schulverlage GmbH, Berlin

Bist du fit? ④

SB S.96/97

1 Überschlage und rechne.

Ü: 400 · 6 = ______

3 7 4 · 6

Ü: ______

5 9 2 · 3

Ü: ______

7 4 3 · 9

Ü: ______

4 5 6 · 8 3

Ü: ______

6 8 1 · 2 4

Ü: ______

3 9 6 5 · 7 1

2 Fülle die Lücken.

6 5 2 · 5	7 _ 8 · 3	_ 8 3 · 7	9 1 4 · _	_ 3 6 · 4
3 2 _ 0	2 2 1 4	3 3 8 1	5 4 8 4	2 1 4 4

3 Dividiere schriftlich.

3 1 5 6 : 4 =

2 4 7 8 : 7 =

3 6 3 0 : 6 =

4 Dividieren mit Rest

4 6 3 2 7 : 5 =

3 7 4 3 6 : 8 =

Zahlenzauber 4 – Arbeitsheft © 2015 Cornelsen Schulverlage GmbH, Berlin

Ganz genau und ungefähr

① Runde auf volle Hunderttausender, Zehntausender und Tausender.

	HT	ZT	T
561 814	≈ 600 000	≈ 560 000	
423 836			
742 477			
638 185			
193 498			

② a)

Stadionbesucher		Runde auf volle ZT	Runde auf volle T
BVB Dortmund	81 168		
Bor. Mönchengladbach	49 464		
VfB Stuttgart	53 512		
Hertha BSC Berlin	64 843		
FC Augsburg	30 660		
Bayern München	69 901		

b) Vervollständige das Balkendiagramm. Verwende die gerundeten Tausenderzahlen.

BVB Dortmund

Bor. Mönchengladbach

VfB Stuttgart

Hertha BSC Berlin

FC Augsburg

FC Bayern München

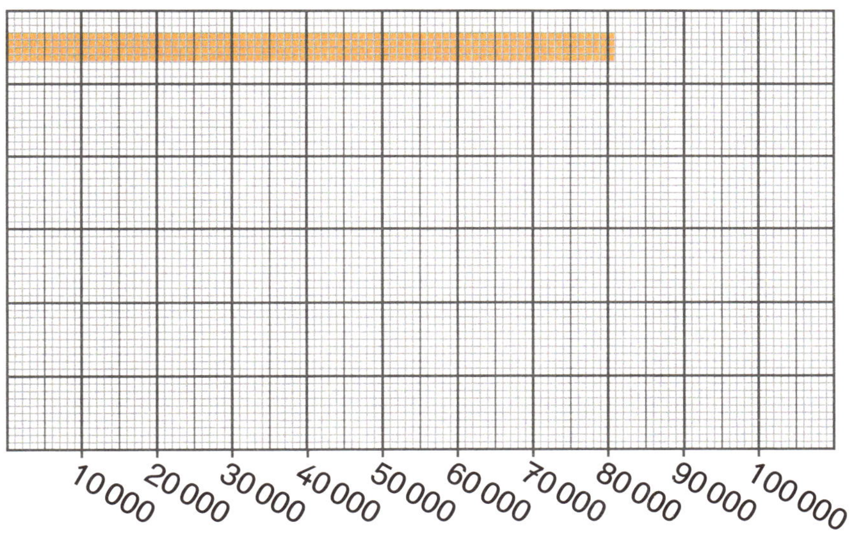

③ Welche Zahlen könnten hier gerundet worden sein?
Schreibe die kleinsten/größten Zahlen auf.

gerundete Zahl	kleinste Zahl	größte Zahl
32 100	32 050	32 149
29 700		
31 500		

gerundete Zahl	kleinste Zahl	größte Zahl
840 000		
610 000		
280 000		

Zahlenzauber 4 – Arbeitsheft © 2015 Cornelsen Schulverlage GmbH, Berlin

Geschwindigkeit

SB S. 102/103

① Für eine Strecke von 148 km auf der Landstraße braucht Frau Köhler zwei Stunden.
Wie weit käme sie jeweils, wenn sie immer gleich schnell fahren würde?
Ergänze die Tabelle.

Zeit	30 min	1 h	2 h	3 h	4 h
km			148 km		

② In der Stadt ist Frau Köhler langsamer unterwegs.
Wie lange wäre sie unterwegs, wenn sie ständig 50 km/h fahren könnte?
Ergänze die Tabelle.

Zeit					1 h		
km	5 km	10 km	20 km	25 km	50 km	100 km	200 km

③ Frau Köhler tankt E 10 für 1,42 € pro Liter. Bei einer Strecke von 100 km verbraucht sie etwa 8 Liter.
Wie viel kostet das Benzin für die gefahrenen Strecken?
Ergänze die Tabelle.

Strecke	25 km	50 km	100 km	500 km
Liter				
Preis				

Platz zum Rechnen für die Aufgaben ①–③

Zahlenzauber 4 – Arbeitsheft © 2015 Cornelsen Schulverlage GmbH, Berlin

Sichtbare und unsichtbare Würfel

SB S. 106/107

(1) Aus wie vielen Einheitswürfeln bestehen die Würfelgebäude?
Trage die Anzahlen ein.

A
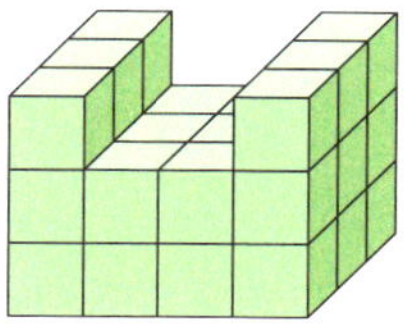
____ Würfel

B

____ Würfel

C
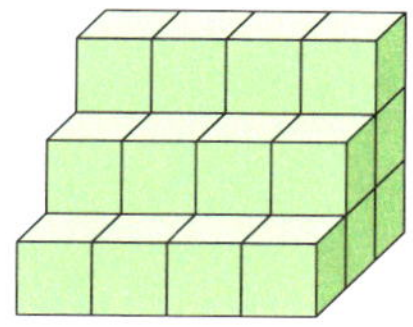
____ Würfel

D
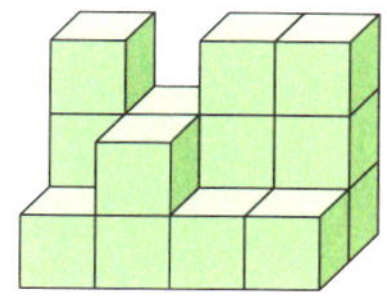
____ Würfel

E
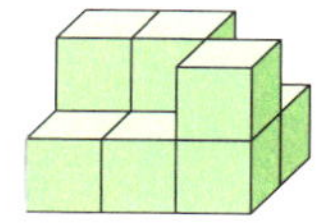
____ Würfel

(2) Welcher Bauplan passt zu welchem Würfelgebäude aus Aufgabe (1)?

a) Trage die Buchstaben ein.

2	2	1
1	1	2

____

3	2	3	3
1	2	1	1

____

3	2
3	2
6	2

____

b) Zwei Baupläne fehlen. Zeichne sie.

____ ____

(3) Wie viele Würfel passen in jede Schachtel? Trage die Anzahlen ein.

A
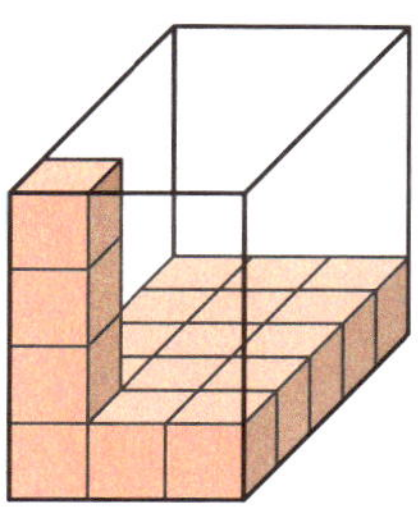
____ Würfel

B
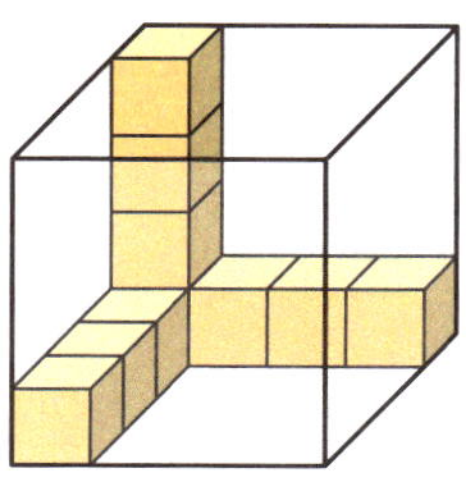
____ Würfel

C
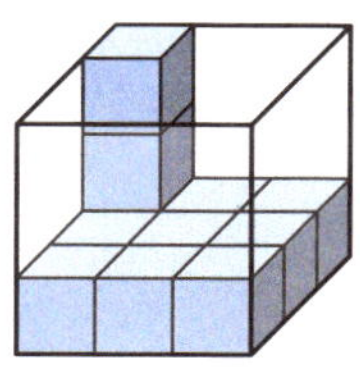
____ Würfel

D
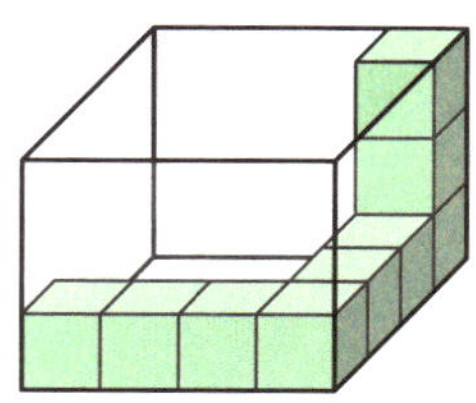
____ Würfel

E
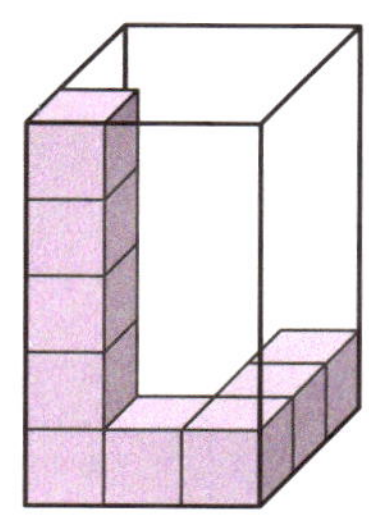
____ Würfel

Ergänze: Schachtel ____ hat den größten Rauminhalt.

Schachtel ____ hat den kleinsten Rauminhalt.

Zahlenzauber 4 – Arbeitsheft © 2015 Cornelsen Schulverlage GmbH, Berlin

SB S. 110/111

① Ergänze die Tabellen im Maßstab 1 : 100.

a)

Plan	Wirklichkeit
1 cm	
8 cm	
10 cm	
1 mm	
5 mm	
9 mm	

b)

Plan	Wirklichkeit
4 cm 2 mm	
6 cm 8 mm	
3 cm 5 mm	
12 cm 2 mm	
14 cm 1 mm	
15 cm 5 mm	

② Wie lang und wie breit sind das Zimmer und die Möbel? Ergänze die Tabelle.

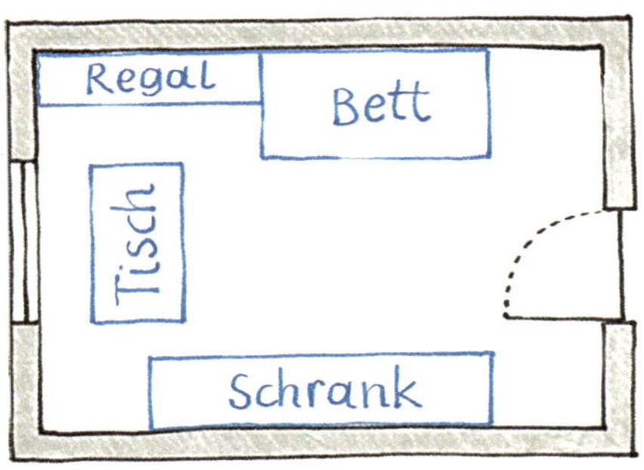

M 1 : 100		Plan	Wirklichkeit
Zimmer	Länge		
	Breite		
Bett	Länge		
	Breite		
Tisch	Länge		
	Breite		
Regal	Länge		
	Breite		
Schrank	Länge		
	Breite		

③ Zeichne die Möbel in den Plan im Maßstab 1 : 100 ein.

M 1 : 100		Wirklichkeit	Plan
Bett	Länge	2 m 20 cm	
	Breite	1 m	
Schrank	Länge	2 m 50 cm	
	Breite	70 cm	
Regal	Länge	1 m 80 cm	
	Breite	40 cm	

Zahlenzauber 4 – Arbeitsheft © 2015 Cornelsen Schulverlage GmbH, Berlin

Bandornamente

SB S. 114/115

① Setze das Muster fort.

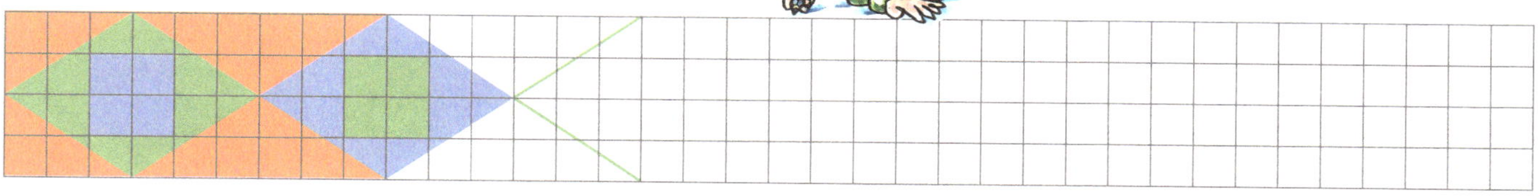

② Setze auch hier das Muster fort. Zeichne die Symmetrieachsen ein.

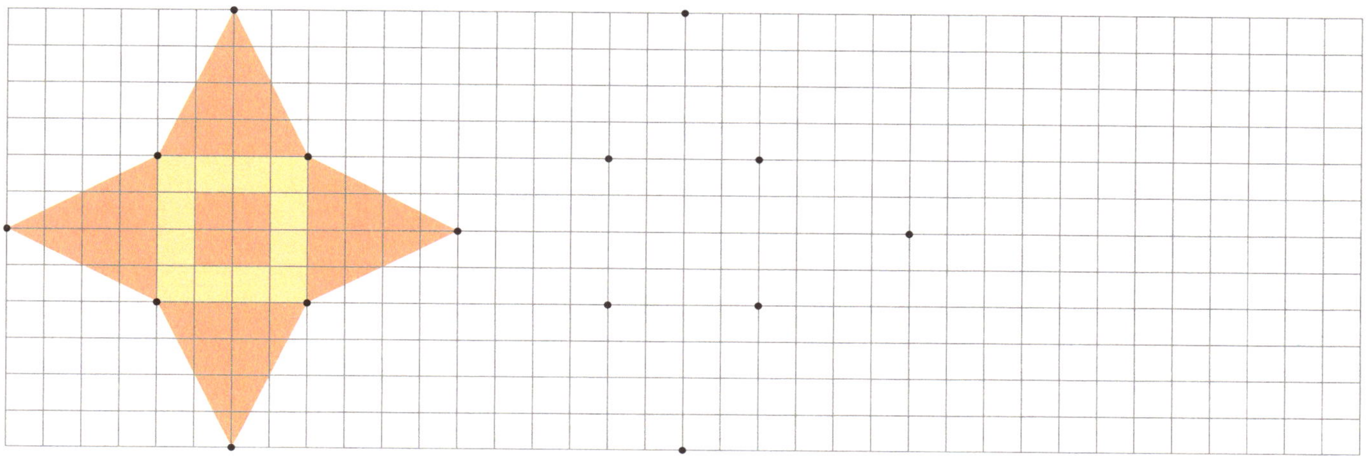

★ ③ Zeichne das Muster fertig.
Färbe so, dass es achsensymmetrisch ist.

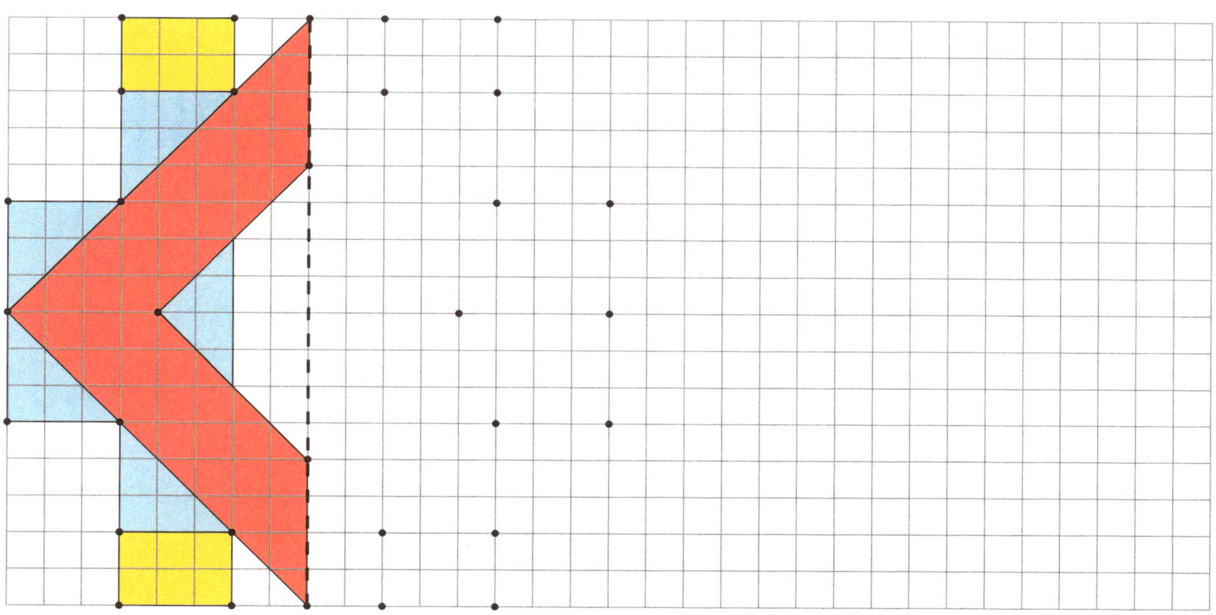

Zeichne solche Muster in dein .

Zahlenzauber 4 – Arbeitsheft © 2015 Cornelsen Schulverlage GmbH, Berlin

Von der Zeit in der Welt ①

SB S. 116/117

① Wie spät ist es an den verschiedenen Orten?
Ergänze die Uhren und trage die Uhrzeiten ein:

 München MEZ 14.00 Uhr	 London, England	 Miami, USA	 Los Angeles, USA	 Tokio, Japan
Zeitunterschied zur MEZ	– 1 h	– 6 h	– 9 h	+ 8 h
 Peking, China	 Ankara, Türkei	 Caracas, Venezuela	 Mexico-Stadt	 Anchorage, USA
+ 6 h	+ 1 h	– 5 h	– 7 h	– 11 h

② Michael hat eine Cousine in Denver (USA). Er möchte mit ihr telefonieren.
Seine Uhr zeigt 16.45 Uhr.
Wie spät ist es gerade in Denver, wenn der Zeitunterschied – 8 h beträgt?

A: ______________________________

③ Der Vater von Erkan befindet sich auf einer Dienstreise in Japan.
In Deutschland ist es gerade 6.50 Uhr und Erkan sitzt beim Frühstück.
Er überlegt, wie spät es jetzt wohl in Japan ist.
Der Zeitunterschied beträgt + 8 h.

A: ______________________________

④ Eine Weltraumrakete startet in Cape Canaveral (USA) um 16.30 Uhr Ortszeit.
Bei uns ist es 6 Stunden später. Welche Uhrzeit haben wir in Deutschland?

A: ______________________________

⑤ Die Fußballweltmeisterschaft 2014 fand in Brasilien statt.
Die Zeitverschiebung zu unserer Sommerzeit beträgt – 5 h.
Zu welcher Zeit konnten wir die Fußballspiele im Fernsehen live anschauen,
die um 13.00 Uhr, 16.00 Uhr und um 17.00 Uhr in Brasilien begannen?

A: ______________________________

____

Zahlenzauber 4 – Arbeitsheft © 2015 Cornelsen Schulverlage GmbH, Berlin

Von der Zeit in der Welt ②

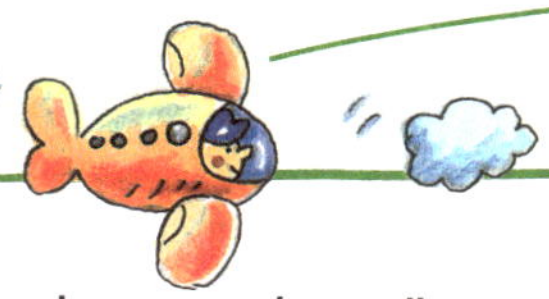

SB S. 116/117

① Lies jeweils den Text, löse die Aufgaben und ergänze die Skizzen.

a)

11 h — 25 min

08.25 | 19.25 | 19.50 Ankunft (MEZ)

– 6 h Zeitunterschied

13.50 Ankunft (Ortszeit)

Ein Flugzeug startet um 8.25 Uhr in München. Die Flugzeit nach Washington (USA) beträgt 11 Stunden 25 Minuten. Wann kommt es in Washington bei einem Zeitunterschied von – 6 h an?

______

b)

8 h — 25 min

09.45 | ______ | ______ Ankunft (MEZ)

– ______ Zeitunterschied

______ Ankunft (Ortszeit)

Ein Flugzeug startet um 9.45 Uhr in München. Die Flugzeit nach New York beträgt 8 Stunden 25 Minuten. Wann landet es in New York bei einem Zeitunterschied von – 6 h?

______

c)

2 h

16.10 | ______ Ankunft (MEZ)

– ______ Zeitunterschied

______ Ankunft (Ortszeit)

Ein Flugzeug startet um 16.10 Uhr in Frankfurt. Die Flugzeit nach London beträgt 2 Stunden. Wann landet es dort bei einem Zeitunterschied von – 1 h?

______

d)

______ | ______ | ______ Ankunft (MEZ)

+ ______ Zeitunterschied

______ Ankunft (Ortszeit)

Ein Flugzeug startet um 9.35 Uhr in Berlin. Die Flugzeit nach Moskau beträgt 3 h 30 Minuten. Wann landet es dort bei einem Zeitunterschied von + 2 h?

______

Zahlenzauber 4 – Arbeitsheft © 2015 Cornelsen Schulverlage GmbH, Berlin

Sommerzeit – Ferienzeit

SB S. 118/119

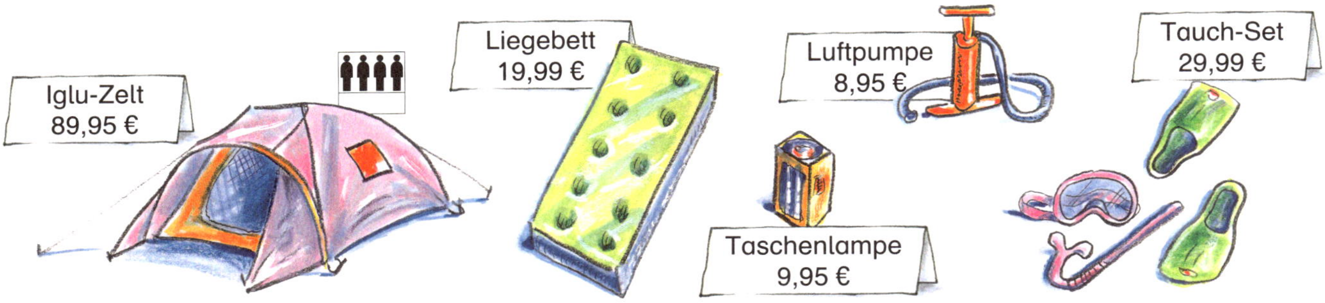

(1) Jonathan und Katharina kaufen für das Zeltlager ein.
Sie brauchen ein Zelt, eine Taschenlampe, zwei Liegebetten und eine Luftpumpe. Eigentlich hätte jedes Kind gerne eine eigene Taschenlampe und sie würden auch gerne noch ein Tauchset mitnehmen.
Was würdest du ihnen empfehlen, wenn sie 180 € zur Verfügung haben?

A: ______________________________

____

(2) Das Zeltlager findet mit einer Gruppe auf einem Zeltplatz statt. Für den Zeltplatz muss die Gruppe 500 € für die ganze Woche bezahlen. Das Essen wird mit 5 € pro Kind pro Tag berechnet.

a) Wie viel kostet der Zeltplatz für jedes Kind, wenn 100, 50, 25 Kinder mitfahren? Erstelle eine Tabelle.

b) Wie hoch sind die Kosten für das Essen für jedes Kind, wenn das Zeltlager von Montag bis Freitag dauert?

A: ______________________________

____

c) Wie viel kostet der Zeltlageraufenthalt für ein Kind, wenn 100, 50, 25 Kinder teilnehmen?

A: ______________________________

____

____

Anzahl Kinder	Gesamtpreis Zeltplatz	Preis pro Kind

Rechne hier oder auf deinem Block.

Finde eigene Fragestellungen und schreibe sie in dein .

Zahlenzauber 4 – Arbeitsheft © 2015 Cornelsen Schulverlage GmbH, Berlin

SB S. 122/123

1 Zähle in Schritten.

a)

57000, ______, ______, 60000 (+ 1000)

49908, ______, ______, 49911 (+ 1)

31680, ______, ______, 31710 (+ 10)

b)

680000, ______, ______, 710000 (+ 10000)

509999, ______, ______, 510002 (+ 1)

240404, ______, ______, 540404 (+ 100000)

2 Addiere und subtrahiere schriftlich.

		27665
+		49723

		37946
+		28014

		54398
−		12645

		906329
−		27614

3 Multipliziere schriftlich.

5 7 4 · 1 6

4 9 0 · 6 7

3 0 5 · 9 9

7 2 8 · 2 6

4 Dividiere im Kopf.

24000 : 8000 = ______

5600 : 700 = ______

81000 : 9 = ______

36000 : 600 = ______

28000 : 70 = ______

3500 : 500 = ______

4800 : 80 = ______

54000 : 6 = ______

7200 : 90 = ______

5 Dividiere schriftlich.

8 5 2 : 4 =

2 4 3 : 3 =

4 2 5 : 5 =

Zahlenzauber 4 – Arbeitsheft © 2015 Cornelsen Schulverlage GmbH, Berlin

SB S. 122/123

1

a) Opa, Vater, Mutter und Sohn sind zusammen 150 Jahre alt. Die Mutter ist 5-mal so alt wie ihr 7-jähriger Sohn. Der Opa ist doppelt so alt wie der Vater. Wie alt ist jeder?

b) Anna, Tobias, Marion, Bernd und Frank vergleichen ihr Alter. Bernd ist 2 Jahre älter als Anna, aber 3 Jahre jünger als Frank. Marion ist ein Jahr älter als Bernd, aber 4 Jahre jünger als Tobias. Anna und Bernd sind zusammen 18 Jahre alt. Wie alt ist jeder?

2 Färbe die Zauberhüte mit der richtigen Farbe.

- Der rote Hut hat keine Punkte und keine Streifen. Er steht zwischen einem Zahlenhut mit nur geraden Zahlen und einem anderen Hut.
- Auf dem blauen Hut sind keine Zahlen, er steht nicht neben einem Zahlenhut.
- Der grüne Hut hat keine Streifen und keine Sterne. Sein einziger Nachbar ist ein Zahlenhut.
- Der Hut mit nur geraden Zahlen ist gelb.
- Der braune Hut steht nicht neben dem blauen.

3 Zahlenrätsel

Zahlenzauber 4 – Arbeitsheft © 2015 Cornelsen Schulverlage GmbH, Berlin